普通高等教育土建学科专业『十二五』规划教材
全国高职高专教育土建类专业教学指导委员会规划推荐教材

居住区规划设计

（建筑设计技术专业、城镇规划专业适用）

本教材编审委员会组织编写

邓慧霞　杨　倩　戚余蓉　赵　迟　主编

王　炜　主编

季　翔　主审

中国建筑工业出版社

图书在版编目（CIP）数据

居住区规划设计／王炜主编 .—北京：中国建筑工业出版社，2015.11（2022.7重印）
普通高等教育土建学科专业"十二五"规划教材 .全国高职高专教育土建类专业教学指导委员会规划推荐教材 .（建筑设计技术专业、城镇规划专业适用）
ISBN 978-7-112-18596-2

Ⅰ.①居…　Ⅱ.①王…　Ⅲ.①居住区－城市规划－设计－高等职业教育－教材　Ⅳ.① TU984.12

中国版本图书馆CIP数据核字（2015）第250497号

本书系高等职业技术教育建筑设计技术专业和城镇规划专业系列教材之一，根据建筑设计技术专业和城镇规划专业的国家教学标准、培养目标、教学计划、和该课程的教学基本要求所编写。

本书以居住区规划设计实际工程的全过程为主线，侧重实际工程中必须掌握的国家规范、设计方法、设计步骤等技能教学。本书主要介绍了居住区规划设计的相关理论与实践、居住区空间形态组织的原则和基本方法、居住区各要素规划设计的步骤、方法、相关规范与技术要求，强调居住区规划设计对象和设计步骤的互相配合，探讨居住区规划设计从结构合理、功能完善等物质层面需求提升到归属感、价值认同感等精神层面需求的途径。全书内容简明易懂、图文并重，便于读者学习和应用。

本书可作为高等职业技术教育建筑类相关专业的教材，也可供相关从事建筑设计、规划设计的工程技术人员参考。

为更好地支持相应课程的教学，我们向采用本书作为教材的教师提供教学课件，有需要者可与出版社联系，邮箱：jckj@cabp.com.cn，电话：01058337285，建工书院：http://edu.cabplink.com。

责任编辑：杨　虹　朱首明　吴越恺
责任校对：张　颖　关　健

普通高等教育土建学科专业"十二五"规划教材
全国高职高专教育土建类专业教学指导委员会规划推荐教材

居住区规划设计
（建筑设计技术专业、城镇规划专业适用）
本教材编审委员会组织编写
王　炜　主编
邓慧霞　杨　倩　戚余蓉　赵　迟　副主编
季　翔　主审
*
中国建筑工业出版社出版、发行（北京海淀三里河路9号）

各地新华书店、建筑书店经销
北京嘉泰利德公司制版
北京建筑工业印刷厂印刷
*
开本：787×1092毫米　1/16　印张：12³/₄　字数：310千字
2016 年 1 月第一版　2022 年 7 月第六次印刷
定价：30.00元（赠教师课件）
ISBN 978-7-112-18596-2
（27903）

教材编审委员会名单

主　任：季　翔

副主任：马松雯　黄春波

委　员（按姓氏笔画为序）：

王小净　王俊英　冯美宇　刘超英　孙亚峰

李　进　杨青山　陈　华　钟　建　赵肖丹

徐锡权　章斌全

序　言

　　全国高职高专教育土建类专业教学指导委员会建筑类专业指导分委员会是住房和城乡建设部受教育部委托，由住房和城乡建设部聘任和管理的专家机构。其主要工作任务是，研究如何适应建设事业发展的需要设置高等职业教育专业，明确建设类高等职业教育人才的培养标准和规格，构建理论与实践紧密结合的教学内容体系，构筑"校企合作、产学结合"的人才培养模式，为我国建设事业的健康发展提供智力支持。

　　在住房和城乡建设部人事教育司和全国高职高专教育土建类专业教学指导委员会的领导下，自成立以来，全国高职高专教育土建类专业教学指导委员会建筑类专业指导分委员会的工作取得了多项成果，编制了建筑类高职高专教育指导性专业目录；在重点专业的专业定位、人才培养方案、教学内容体系、主干课程内容等方面取得了共识；制定了"建筑装饰技术"等专业的教育标准、人才培养方案、主干课程教学大纲；制定了教材编审原则；启动了建设类高等职业教育建筑类专业人才培养模式的研究工作。

　　全国高职高专教育土建类专业教学指导委员会建筑类专业指导分委员会指导的专业有建筑设计技术、室内设计技术、建筑装饰工程技术、园林工程技术、中国古建筑工程技术、环境艺术设计等6个专业。为了满足上述专业的教学需要，我们在调查研究的基础上制定了这些专业的教育标准和培养方案，根据培养方案认真组织了教学与实践经验较丰富的教授和专家编制了主干课程的教学大纲，然后根据教学大纲编审了本套教材。

　　本套教材是在高等职业教育有关改革精神指导下，以社会需求为导向，以培养实用为主、技能为本的应用型人才为出发点，根据目前各专业毕业生的岗位走向、生源状况等实际情况，由理论知识扎实、实践能力强的双师型教师和专家编写的。因此，本套教材体现了高等职业教育适应性、实用性强的特点，具有内容新、通俗易懂、紧密结合实际、符合高职学生学习规律的特色。我们希望通过这套教材的使用，进一步提高教学质量，更好地为社会培养具有解决工作中实际问题的有用人才打下基础。也为今后推出更多更好的具有高职教育特色的教材探索一条新的路子，使我国的高职教育办的更加规范和有效。

　　　　　　全国高职高专教育土建类专业教学指导委员会建筑类专业指导分委员会

前 言

伴随着我国房地产业的发展，我国的住宅设计，特别是住宅规划设计有了长足的进步和发展。主要体现在两个方面：一是从开发商的角度出发，利用寸土寸金的土地，在充分考虑市场需求和行政规划要求的同时适当地提高和控制好容积率，通过配置合适的户型、设计有特色的环境景观、配套齐全的公共服务设施、构建合理的路网等方面来吸引购买，从而获得更高的利润；另一方面，随着对生活质量的要求不断提高，人们已经不再仅仅满足于对室内空间的要求，而是更加注重房屋的朝向和观景，注重居住区的环境、绿化、活动空间和配套设施。简而言之，现代居住区的规划设计更加市场化了。

与行业发展面临的历史机遇不相符的是当前教育层次的不足和教材的缺乏。一方面，教育层次过于偏重于本科及以上层次，难以满足专业人才的市场需求；另一方面，编者在教学中深切感受到适合于高职高专层次的教材相对匮乏。因此，编写了本书。

为了适应高职高专建筑设计技术、城镇规划专业的人才培养目标，此书编写时着重体现以下几点：

1. 以提高学生的实际工作能力为原则，选择和组织全书的内容；

2. 重点突出实用性，基本理论以够用为度，叙述简单明了，图文并茂；

3. 采用最新的国家标准和规范，介绍现行的规划设计方法及规程。

本书由王炜主编，邓慧霞、杨倩、戚余蓉、赵迟任副主编。全书共十个教学单元，编写分工如下：内容提要、前言及第1、2、5单元由江苏建筑职业技术学院王炜编写；第3、4单元由山西建筑职业技术学院邓慧霞编写；第6、7单元由江苏建筑职业技术学院杨倩编写；第8单元由黑龙江建筑职业技术学院戚余蓉编写，第9、10单元由江苏建筑职业技术学院赵迟编写。全书由王炜统稿，江苏建筑职业技术学院季翔教授主审。

目　录

1

教学单元 1　居住区规划设计概述

教学目标

通过本单元的学习，应了解居住区的演变及形成过程，熟知居住区规划的理论基础和发展趋向，理解居住区的构成、规划设计原则与要求，掌握居住区规划设计基础资料的调研及分析方法。

现代居住区理论发源于欧洲，成熟于欧美，是工业革命和城市化的结果。

出于对急剧恶化的居住环境等一系列问题的反思，以英国学者欧文、霍华德为代表的一批理想主义者开始了早期的理论和实践探索。20 世纪初期，还有诸如"邻里单位""工业城市"等理论研究，共同成为现代城市规划和居住区规划的思想基础。

以柯布西耶为代表的现代主义摧枯拉朽般的激进规划思想在二战前后形成，但千篇一律的做法和反对传统的城市发展和住区模式受到了美国社会学者及城市研究学者雅各布斯的严厉批评，引发了 20 世纪 60 年代以后的美国进行集体反思，并逐渐发展出新城市主义、精明增长等新理论，成为对新时期回归传统的回应。当前欧美已处于规划设计的成熟阶段，发达国家更趋向于社会阶层融合、种族融合等社会学方向的居住区建构。

我国现代居住区的理论和实践始于新中国成立之后，其整体的规划理论和体系完全仿照前苏联构建，迄今也未能完全脱离。当前城镇化进程突飞猛进、空间急剧扩张、居住建设如火如荼，我们进行居住区规划设计所面临的问题更加复杂和困难，重新梳理西方及我国居住区设计理论，为思考当前我国住区建设中出现的种种问题，提供了更为广阔的视野和更独特的视角。

1.1　国外居住区规划设计的相关理论与实践

1.1.1　理想主义居住区规划思想

18 世纪中叶前后开始的第一次工业革命，使英国城市迅速膨胀，可是居住条件却迅速恶化：城市中缺乏阳光、缺乏清洁的水、缺乏没有污染的空气、生活条件恶劣、社会贫富差距大等一系列社会问题产生。

1. 新协和村

在这样的背景下，居住区规划开始关注公共生活的配套问题。以罗伯特·欧文为代表的空想社会主义者提出一种理想的社会生活组织模式，从而达到缓和社会矛盾、改良社会环境的目的。

欧文不惜散尽家财，致力于乌托邦式空想社会主义的实践。他在 1799 年率先在苏格兰建立了 New Lanark 工人住宅区，在其中设立了一所学校，这是近代世界上第一个具有公共配套设施的城市平民居住区。

1817 年欧文根据他的社会理想，把城市作为一个完整的经济范畴和生产生活环境进行研究，提出了一个"新协和村"的方案。他建议居住人数为

500～1500人，耕地面积为每人4000m²；在建筑布局上，主张取消街巷和胡同，在中央以四幢较长的房屋围合成长方形的大院，内设食堂、学校和管理机构等公共建筑，四周建造标准住宅形成围合，大院空地种植树木供运动和休闲之用；住宅区外是工厂、作坊和奶牛场，最外围是耕地和牧场，村民共同劳动，平均分配，以实现"共产主义公社"的理想。

1825年欧文带领900人从英国到达美国印第安纳州，以15万美元购买了面积为12000ha的土地建设"新协和村"。欧文以极大的热忱苦心经营，用去了两年的时间和他所有的财富，但最终失败。

在资本主义社会中，不可能存在理想的社会主义城市。他们的实践虽然在当时未产生实际影响，但其进步的思想，对后来的规划理论，如"田园城市"和"卫星城市"等起了重要的作用。

2. 田园城市

19世纪末，英国社会活动家霍华德在《明日，一条通向真正改革的和平道路》一书中，提出了建设理想城市的构想，即"田园城市"，实质上是城和乡的结合体：田园城市是为人们的健康、生活以及产业发展而设计的城市，它的规模适中，四周要有农业地带永久围绕，公众是土地的所有者（图1-1）。

城市人口30000人左右，占地404.7ha，城市外围有2023.4ha土地为永久性绿地，供农牧业生产用。城市部分由一系列同心圆组成，有6条大道由圆心放射出去，中央是一个占地20ha的公园。沿公园也可见公共建筑物，其中包括市政厅、音乐厅兼会堂、剧院、图书馆、医院等，它们的外面是一圈占地58ha的公园，公园外圈是一些商店、商品展览馆，再外一圈为住宅，再外面为宽128m的林荫道，大道当中为学校、儿童游戏场及教堂，大道另一面又是一圈花园住宅，如图1-2所示。

霍华德针对现代社会出现的城市问题，提出先驱性的规划思想，即城市规模、布局结构、人口密度、绿带等规划问题，提出独创性的见解，是一个比较完整的规划思想体系，对后来出现的"有机疏散"和"卫星城镇"等理论颇有影响。

图1-1 "田园城市"及其周边用地（左）

图1-2 "田园城市"（右）

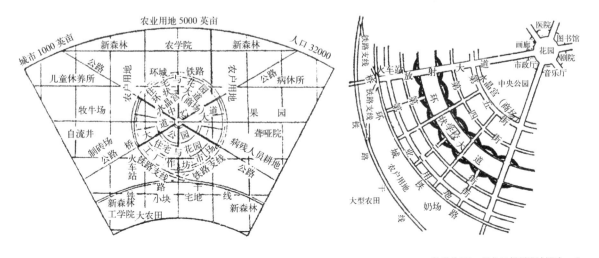

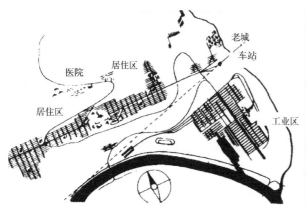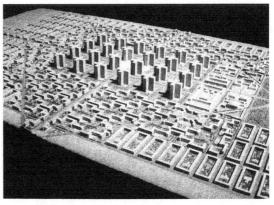

"田园城市"理论比空想社会主义者的理论前进了一步，对城市规划学科的建立起了重要作用。

图1-3 "工业城市"
（左）
图1-4 "光明城市"
理想模型（右）

3. 工业城市

1898年，几乎在霍华德提出"田园城市"理论的同时，法国建筑师戛涅也从大工业的发展需要出发，开始了对"工业城市"规划方案的探索。所设想的工业城市人口为35000人，规划方案于1901年展出，1904年完成详细平面。

戛涅把"工业城市"（图1-3）各功能要素进行了明确的划分：中央为市中心，有集会厅、展览馆、图书馆、博物馆、剧院等，居住区是长条形的，疗养及医疗中心位于北面坡向阳面，工业区位于居住区东南，各区间均有绿化隔离，火车站设置于工业区附近，铁路通过一段地下铁道伸入城市内部。

"工业城市"中的居住区具有开放性特征。居住区划分为若干小区，住宅街坊宽30m、长150m，居住区中心设有较为齐备的公共建筑，学校、生活服务设施组合在居住用地内，绿地占居住用地近半，其内贯穿步行路网。住宅为二层独立式。"工业城市"依据地段条件而设，布局可以灵活变形，同时考虑了日照、通风等要求。

4. 光明城市

法国建筑大师柯布西耶的"光明城市"是现代城市住宅区规划的又一个思潮，高层高密度的住宅区模式可能就是脱胎于此。柯布西耶于1912年出版《明日的城市》一书，1930年又提出光明城市规划，成为了现代城市规划和光明城市理想的代表人物。

"光明城市"（图1-4）的布局为：城市中心是铁路、航空和汽车交通的会集点，站台和广场按多层空间设置；市中心布置24幢60层的摩天办公楼，其平面呈十字形，周边长173m，人口密度为3000人/ha；中心区西侧布置市政府、管理机构、博物馆以及一个英国式花园；中心区东侧为工业区、仓库及货运站；中心区南北两侧为居住区，由连续公寓住宅组成，人口密度为300人/万m²；城区周围保留有发展用地，布置绿地及运动场，城郊布置若干个田园城镇，城区100万人，田园城镇200万人，共计300万人。

柯布西耶的"光明城市"，创造了一座以高层建筑为主的，包括整套绿色空间和现代化交通系统的现代城市，居住区规划注重住宅的空间、物质等技术层面上的要求，较少关注居民的心理及交往、出行等生活要求，这也是现代主义的历史局限性。

1.1.2 邻里单位

美国人西萨·佩里针对城市人口密集、房屋拥挤、居住环境恶劣、各类交通问题严重等问题，与 1929 年提出"邻里单位"的概念。

在"邻里单位"的理念中，以控制居住区内部的车辆交通、保障居民的安全和环境的安宁为出发点。试图以邻里单位作为组织居住区的基本形式和构成城市的细胞，改变城市传统居住区的缺陷，并使居民在心理上对所居住的地域产生"乡土观念"。

佩里为"邻里单位"（图 1-5）制定了 6 条基本原则：

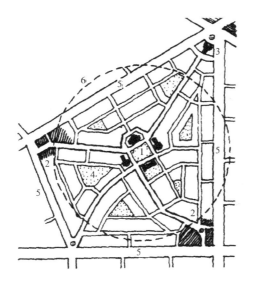

图 1-5 "邻里单位"
示意图
1—邻里中心；
2—商业及公寓；
3—商店或教堂；
4—绿地；
5—大街；
6—半径 0.5min

1. 邻里单位周围为城市道路所包围，城市道路不穿过邻里单位内部；

2. 内部道路系统应限制外部车辆穿越，采用尽端式；

3. 以小学合理规模为基础控制邻里单位的人口规模，一般为 5000 人；

4. 中心建筑是小学校，与其他邻里服务设施一起布置在中心公共广场或绿地上；

5. 邻里单位占地约 160 英亩（合 64.75ha），共 1600 户，上学不超过 0.8km；

6. 小学附近设有商店、教堂、图书馆和公共活动中心。

邻里单位是社区的一种类型，一定程度上说它是社区的一个最小单位。其形成的基础是邻里关系，提出的原则是对居民生活需求的反映。

邻里单位理论是社会学和建筑学结合的产物，强调了居民彼此的日常接触，并加强了地方特性和自我认同及归属感。

1.1.3 新城镇理论

英国的新城镇运动无疑是20世纪最主要的城市发展主题之一，引起来自社会学、建筑学和规划领域的关注。大致可将新城镇理论的演变分为四个阶段：第一阶段属于在有限机动性和半径内的小城镇分散模式；第二个时期分散模式因变为线型模式，成为一种较为紧凑的城市实体；第三个时期是前两种的结合；第四个时期导入一种开放的矩形路网，以适应城市的肌理。

第一代新城明显受到田园城市的影响。新城是由相互独立的、低密度的邻里单位构成；工业区设1或2个，在城镇中心附近与铁路或公路干线相连；别墅住宅构成的邻里单位分布在环路两边；绿化空间填充邻里单位之间。这种模式被视为整合城镇人群的方式。

为了适应私家车使用机动性的需求，第二代新城演变成一种紧凑的线型空间形式。新城周围区域环境相关联，却与其仅靠的周边相对，形成一种具有强烈聚集式的线型中心。城镇中心变成了一种多层次交通和步行可达的商业街，分开的邻里被取消，建筑高度提高，人口规模扩大，工业区趋向于分散。

第三代新城规划中，城镇形态表现出由一定尺度规模的、分开的居住单位通过公共交通加以联系的松散结构特征。许多构成城镇的邻里单位围绕作为形成城镇形式的公共交通路线布置并被分组，路网穿越这些以围合结构形式组成的城镇部分，将其联系起来，邻里设施围绕公交停车点布置。

随着机动车的普及，第四代新城面临的问题是如何提高居民选择的自由和灵活性，其设计理念完全体现了以小汽车为主导的城镇结构。私人汽车将地区中心从居住区中心转移到住区的边界，使之能方便从路网进入。

总之，英国新城镇理论与邻里单位理论及田园城市整合，发展成提供多种类型住房、满足所有社会阶层需要、维持社会稳定的"有机社区"观念，而机动车不断提升的重要性则是其发展的原动力。

1.1.4 新城市主义

20世纪80年代末和90年代初，基于对郊区蔓延而引发的一系列城市社会、经济、环境问题，美国建筑师彼得·康兹出版了研究性专著《新城市主义》，掀起了模仿19世纪美国城镇规划和建筑风格的思潮。

新城市主义强调社区感和居住适宜性，试图寻找物质环境的社会意义以及人们对物质环境的认知感，始终贯穿着这样一种精神：居住区设计必须将公共领域的重要性置于私人利益之上。佩里的"邻里单位"思想被新城市主义者经过改良发扬光大。

在实践中，逐渐形成了两种具有代表性的设计、开发模式：一种是"公共交通导向开发"，即TOD（Transit Oriented Development）；另一种是"传统邻里开发"，即TND（Traditional Neighborhood Development），如图1-6、图1-7所示。

TOD模式由步行街区发展而来，是以区域性公交站点为中心，以适宜的步行距离（600m）为半径的范围内，包含中高密度住宅及配套公共用地、商

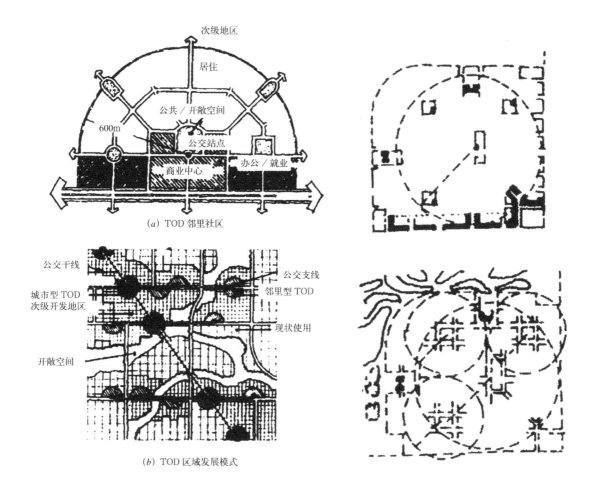

次级地区

居住

公共／开敞空间

600m

公交站点

商业中心

办公／就业

(a) TOD 邻里社区

公交干线

公交支线

城市型 TOD
次级开发地区

邻里型 TOD

现状使用

开敞空间

(b) TOD 区域发展模式

业和服务等内容的复合功能住区。主要包括两个层面的内容：在邻里居住层面上，注重营造复合功能并适宜步行的居住环境，减少对汽车的依赖，达成良好的生活氛围；在区域层面上，引导空间开发沿区域性公交干线或换乘方便的公交支线节点状布局，形成有序的网格状结构，同时结合自然要素设置城市增长界限，防止蔓延。

图 1-6 TOD 模式（左）
图 1-7 TND 模式（右）

TND 模式居住区的基本单元是邻里，邻里之间以绿化带分隔。每个邻里控制在 40 ~ 200acre（16 ~ 81ha），半径不超过 0.25min（约 400m），保证大部分人到邻里公园的距离在 3min 步行范围内，到居住区中心广场或公共空间 5min 步行路程；内部街道间距 70 ~ 100m；住房后巷作为邻里间交往的场所是设计的重点之一；会堂、商店、幼儿园和公交站布置在中心；每个邻里包括不同的住宅类型。TND 模式是以网格状的道路系统组织联系邻里，降低小汽车的交通速度，为人们出行提供多种路径，增强选择性。

1.1.5 "精明增长"理论

从西方国家城市空间增长的历程来看，突出表现为"汽车城市"的形成和演变过程。尤其是 20 世纪 70 年代之后，汽车主导的交通方式很大程度上加剧了就业和居住的低密度扩散，出现了〝城市蔓延〞。针对这种城市发展趋势。从 20 世纪 90 年代开始，西方规划界逐渐兴起〝精明增长〞理论。

〝精明增长〞的目标是通过规划紧凑型居住区，充分发挥已有基础设施的效力，提供多样化的交通和住房选择来努力控制城市蔓延。〝精明增长〞是一项将交通和土地综合考虑的政策，促进多样化的出行选择，通过 TOD 模式将居住、商业及公共服务设施混合布置，并将开敞空间和环境设施的保护视为同等重要。总之，〝精明增长〞是一项与城市蔓延针锋相对的城市增长策略。

美国的一项研究报告给出了〝精明增长〞的十项原则，包括：

1. 混合土地利用；
2. 设计紧凑的建筑；
3. 增加住宅式样选择；
4. 创造适合步行的社区；
5. 创造有个性和富有吸引力的社区场所感；
6. 保护开敞空间、农田、风景区和生态敏感区；
7. 加强利用建成区内未开发的土地；
8. 提供多种选择的交通方式；
9. 坚持政府开发决策的公平性、可预知性和成本收益；
10. 鼓励公众参与。

〝精明增长〞兼顾了开发和环保的矛盾，倡导〝科学公平〞的城市发展观，综合考虑了城市发展中的多方面因素和多主体的利益，对我国的城市住区建设有一定的启迪。

1.2　国内居住区规划设计的相关理论与实践

1.2.1　传统居住区实践

原始社会，人类过着依附自然的自然采集经济生活。采取穴居、树居等群居形式，无固定居民点。后来，人类创造了工具，形成了比较稳定的劳动集体（集体捕鱼、狩猎）。于是，逐渐产生了劳动分工，出现了农业、畜牧业。到了新石器时代后期，农业成为主要生产方式，形成了固定的居民点。这些固定的居民点大都在靠近河流、湖泊的向阳河岸台地上。

奴隶社会，出现了最早的居住组织形式。奴隶主实行土地国有制——井田制，道路和渠道纵横交错把土地分隔成棋盘式地块，称之为〝井田〞，其棋盘式和向心性的划分形式对古代城市的格局有深远的影响。如周代的〝里〞、古希腊和罗马时代的〝坊〞，这些居住单位规模较小、是单一的居住地区。

到了封建社会，居住规模逐步扩大。脱胎于农业井田制的秦汉〝闾里（即里巷、平民聚居之处）〞居住形式出现，其面积约为 17ha 左右，城市居民取代农业居民；至汉代，〝里坊制〞确立，它是中国古代主要的城市和乡村规划的基本单位与居住管理制度的复合体——把全城分割为若干封闭的〝里〞作为居住区，商业与手工业则限制在一些定时开闭的"市"中，统治者们的宫殿和衙署占有全城最有利的地位，并用城墙保护起来，"里"和"市"都环以高墙，设里门与市门，全城实行宵禁；三国时期曹魏邺城的居住单位为"里"，面积约为 30ha，开创了一种布局严整、功能分区明确的城市格局：平面呈长方形，宫殿位于城北居中，全城作棋盘式分割；随着社会经济发展和生活方式的转变，单一居住型的"里"制已经不能满足需要，北魏"里"改称"坊"，隋初正式以"坊"代"里"；唐代的城市规模更大，长安城人口规模达到 100 万人，"坊"被推崇备至，其面积进一步扩大，大的约为 80ha，小的也有 27ha，长安全城有 100多座坊，是当时世界上规模最大的城市，规划整齐、布局严整，堪称中国古代都城典范，如图 1-8 所示；到了北宋中叶，里坊由封闭变成开敞，坊市也被打破。宋代以后的许多城市中虽然还保留坊的区划单位，但已失去了原来的管理职能，坊墙亦不存在了；明清时期，北京是我国封建后期的代表城市，居住区的组织形式没有大的变化，城内除分布各处的寺庙、塔坛、王府、官邸外，其余仅为民宅、作坊和商服建筑，居住区以胡同划分为长条形的地段，间距约 70m 左右，中间一般为三进四合院（图 1-9）并联，形成了典型的"街-巷-院"布局，如图 1-10 所示。

半殖民地半封建时期直至 1949 年新中国成立前，住宅建设一直处于混乱无序的状态，由于地价昂贵，出现了以二、三层联排式为基本类型的里弄式住宅，实际上是街巷、四合院在空间压缩中的变态，所谓里弄，即城市街道两侧分支为弄、弄两侧分支为里，一般不通机动车，日照、通风、采光条件差，几乎没有绿化，空间呆板单调。

1.2.2 现代居住区实践

新中国成立后，在国家经济体制和宏观政策引导下，我国住宅与居住区规划建设事业经历了从无到有，逐步成熟并健康发展的历程，基本可以归纳为休眠期、复苏期、振兴期、变革期和发展期。

1. 休眠期（1949～1978 年）

引进了邻里单位、居住街坊和居住区理论，初步形成了规划思想和方法体系，但由于受到"大跃进"和"文革"等错误思想和政策的影响，城镇住宅建设总量只有近 5 亿户，人均居住面积仅为 $3.6m^2$，与新中国成立初期相比未得到明显提升，住宅产业处于休眠状态。

2. 复苏期（1979～1990 年）

经济体制改革促使居住区的形成机制发生了根本转变，住宅由福利型向商品型过渡。在规划理论上逐步形成居住区-居住小区-居住组团的规划结构，并有完善的公建配套。住宅产业步入了产业化发展轨道，成为国民经济振兴和社会发展的重要行业。

3. 振兴期（1991～1995 年）

住宅建设进入了高速发展时期，提出了"统一规划、合理布局、综合开发、

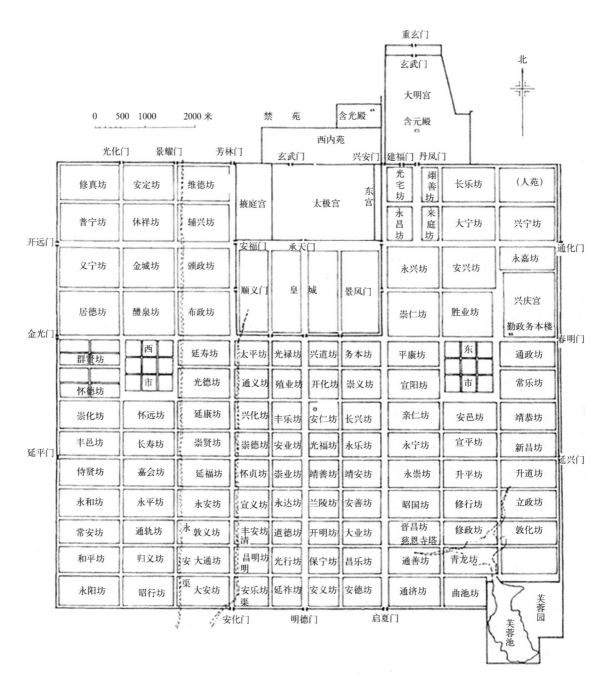

图1-8 唐长安平面及
"坊"的布局

配套建设"的社会化大生产方针。居住区规划向多样化迈进，改变千篇一律的
创作手法；居住区结构向多元化发展，不拘泥于分级模式；功能布局观念更新，
商业服务设施由内向服务型转向外向经营型；规划设计思想理论增强了"以人
为本"的环境意识。

4. 变革期 (1996～2000年)

中央指出要把住宅建设作为国民经济新的增长点，逐步实行住房分配货
币化；"2000年小康型城乡住宅科技产业工程"的顺利实施，初步构建了住宅

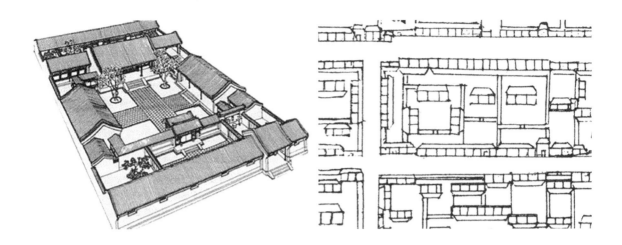

图1-9 三进四合院
（左）
图1-10 北京典型街
巷(局部)(右)

产业现代化的总体框架；以城镇住房货币化分配为核心政策，构建住宅商品化、社会化的新体制；以物业管理为基本制度，提高住宅消费的市场化程度。这一系列的变革，标志着我国住宅产业逐步走向持续健康发展阶段。

5. 发展期（2001－今）

经过数十年的改革发展，住宅产业进入了持续稳步健康发展的时期。推进住宅产业现代化是新时期住宅产业发展的必然趋势。通过推进住宅产业现代化，不断提高住宅的综合质量，提高住宅生产的劳动生产率，降低住宅成本是新时期住宅产业发展的根本目标和任务。

综上所述，居住区规划组织形式的演变经历了从小到大、从简至繁、从低到高的变化过程，今后还将随社会经济发展和生活方式的变化而变化。

1.3　我国居住区规划的发展趋势

住宅建设与人们的生活息息相关，它涉及每个居民的切身利益。目前我国住宅建设已经由"数量型"进入到"质量型"的开发建设阶段。在居住区规划与住宅设计中，我们应积极推进"以人为本"的设计观念和"可持续发展"方针，未来的住宅建设将更加注重环境保护，同时应充分反映科技进步，并积极推进住宅产业现代化。

预计我国未来居住规划设计，重点将会在集约化、社区化、生态化、颐养化和智能化等方面的探索更为明朗。

1. 集约化趋向

随着经济的发展，城镇化进程的加快，我们必须面对土地能源紧张的问题，从建筑单体节地、节能、节材着手，集约化居住区应运而生。其主要思想是将居住区住宅和公共设施、地上和地下空间、建筑综合体和空间环境联合协同规划建设；将商业、文化、卫生、休闲娱乐、综合服务和行政管理综合在一起。在增加邻里交往的同时，节约材料和能源，为居住区的智能化和物业管理提供有利条件。

2. 社区化趋向

居住区的建设不仅需要完善物质条件，更要建立具有凝聚力的精神生活空间，体现一定的社区精神和地缘认同感。这就要求居住区建设向混合社区发展，同时居住社区将成为社会结构中最稳定的单元。

混合社区在规划角度来讲要求进行宏观尺度（在市域范围内进行居住、工作、基础设施和开放空间的系统整理）、中观尺度（在城市设计层面进行居住、工作、市政、文教、休闲场所的规划设计）、微观尺度（在详规层面进行建筑单体规划设计的准备）的功能混合规划。图1-11和图1-12所示分别为功能混合的尺度和肌理。

3. 生态化趋向

生态涵盖的内容十分广泛，对于城镇居住区来说，最关键的是人与环境的关系。居住区生态系统是在自然生态环境基础上建立起来的一种特殊的人工生态系统，是人类创造的自然－经济－社会的复合系统，其根本问题就是处理好人、自然和技术间的关系，从而创造一个能自我"排放－转化－吸纳"并可持续发展的良性循环的生态系统。

生态型居住区规划就是将居住区作为复杂的人工生态系统，运用生态学和城市规划的相关理论，实现高质量的生态生活环境，同时维持该系统的动态平衡。在21世纪的今天，融合传统"天人合一"思想的生态型居住区规划的探索研究要求设计人员、管理者甚至是居民自身具备良好的生态环境意识和可持续发展观，使居住区成为人们共同的生存和发展基地。

4. 颐养化

老龄化是社会发展的必然趋势，截至2013年底，我国60周岁及以上人

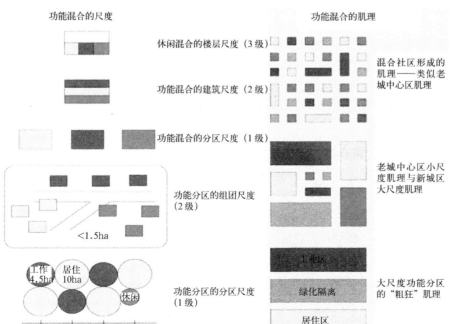

图1-11 功能混合的尺度（左）
图1-12 功能混合的肌理（右）

口 2.02 亿人，占总人口的 14.9%，65 周岁及以上人口 1.32 亿人，占总人口的 9.7%。我国已正式迈入老龄化社会。

独生子女政策导致了我国直系亲属家庭的 "4-2-1" 格局，老年人的晚年生活，已从过去的家庭养老向部分依靠社会方面转化。根据我国社会实情，养老应采取社会养老和家庭养老结合的方式，在居住模式上国际不乏较好的作法，如新加坡 "多代同堂祖屋计划"、日本 "两代居" 集合住宅等。

同时，设计者应积极探索老年人住宅设计。(1) 老年人的居住环境必须满足其生理需求，给予充足的采光照明、创造近距交流空间、注意地面防滑、减少地面高差变化、有条件尽可能做到无障碍设计；室外环境要满足老人休闲娱乐要求，既有小尺度私密空间，又有较大的公共空间，环境设计应充分考虑舒适性和安全性；(2) 设计大小套结合的可改造连体住宅，老少毗邻而居；(3) 设计老少同室而居的住宅；(4) 从细节上处处为老人着想，最大限度为老人提供舒适健全的生活环境和居住空间。

5. 智能化

依靠科技进步是保证居住质量必不可少的。现代科技日新月异，有越来越多的新技术、新产品、新工艺和新材料可供选用。如地暖、监控系统、卫星电视、声控、双层中空玻璃等等，它们将导致新的生活方式产生，并将影响到居住区的整体成长。

1.4　居住区的组织构成

居住区是城市的有机组成部分，是被城市道路或自然界限所围合的具有一定规模的生活聚居地，它为居民提供生活居住空间和各类服务设施，以满足居民日常物质和精神生活的需求。

1.4.1　居住区基本要素构成

1. 物质要素

自然因素：区位、地形、地质、水文、气象、植物等。

人工因素：各类建筑及工程设施。建筑包括住宅、公共建筑、生产性建筑等，工程设施包括道路、绿化、管网、挡土墙等。

2. 精神要素

人的因素：人口结构、人口素质、居民行为、居民生理心理等。

社会因素：社会制度、政策法规、经济技术、地域文化、社区生活、邻里关系、物业管理等。

1.4.2　居住区规模分级构成

居住区的规模以人口规模和用地规模来表述，以人口规模为主要依据进行分级。现行标准《城市居住区规划设计规范》GB 50180—93 (2002 版) 将居住区分为三级，见表1-1。其中包括独立居住小区和组团，实际上还有邻里、街坊、里弄等居住形式，都可泛指为居住区。

居住区分级控制规模 表1-1

	居住区	居住小区	居住组团
户数（户）	10000~16000	3000~5000	300~1000
人口（人）	30000~50000	10000~15000	1000~3000

居住区的用地规模主要与人口规模、建筑气候区划和住宅层数有着直接关系。表1-2为人均居住区用地控制指标。此外，影响居住区规模的因素还有很多，要综合分析具体情况和因素来确定居住区的合理规模。

其中的建筑气候区划Ⅰ为：黑龙江、吉林、内蒙古东、辽宁北；Ⅱ为：山东、北京、天津、宁夏、山西、河北、陕西北、甘肃东、河南北、江苏北、辽宁南；Ⅲ为：上海、浙江、安徽、江西、湖南、湖北、重庆、贵州东、福建北、四川东、陕西南、河南南、江苏南；Ⅳ为：广西、广东、福建南、海南、台湾；Ⅴ为：云南、贵州西、四川南；Ⅵ为：西藏、青海、四川西；Ⅶ为：新疆、内蒙古西、甘肃西。

人均居住区用地控制指标（m²/人） 表1-2

居住规模	层数	建筑气候区划		
		Ⅰ、Ⅱ、Ⅵ、Ⅶ	Ⅲ、Ⅴ	Ⅳ
居住区	低层	33~47	30~43	28~40
	多层	20~28	19~27	18~25
	多层、高层	17~26	17~26	17~26
居住小区	低层	30~43	28~40	26~37
	多层	20~28	19~26	18~25
	中高层	17~24	15~22	14~20
	高层	10~15	10~15	10~15
居住组团	低层	25~35	25~32	21~30
	多层	16~23	15~22	14~20
	中高层	14~20	13~18	12~16
	高层	8~11	8~11	8~11

注：本表各项指标均按每户3.2人计算。

1.4.3 居住区用地分类构成

居住区规划用地包括两类："居住区用地"和"其他用地"。

1. 居住区用地

住宅用地：包括住宅建筑的基底占地及四周合理间距内的用地（含宅旁绿地、宅间小路等）。

公建用地：是与居住人口规模对应配建的各类设施用地，包括建筑基底占地及其所属的专用场院、绿地和配建停车场、回车场等。

道路用地：指区内除宅间小路和公建专用道路外的各级车行道路、广场、停车场、回车场等。

公共绿地：指满足规定日照要求，适于安排游憩活动场地的居民共享的绿地，包括居住区公园、小区小游园、组团绿地及其他有一定规模的块状、带状绿地。

2．其他用地

是指规划用地范围内，除居住区用地以外的各种用地，包括非直接为本区居民配建的道路用地、其他单位用地、保留用地及不可建设的土地等。

在居住区规划总用地所包含的两类用地中，"居住区用地"是规划可操作的，四类用地间既相对独立又互相联系，是一个有机整体，必须按合理的比例进行平衡，见表1-3，其中住宅用地是居住区中比重最大的用地。

居住区用地平衡控制指标（％）　　　　　　表1-3

用地构成	居住区	居住小区	居住组团
1．住宅用地（R01）	50～60	55～65	70～80
2．公建用地（R02）	15～25	12～22	6～12
3．道路用地（R03）	10～18	9～17	7～15
4．公共绿地（R04）	7.5～18	5～15	3～6
居住区用地（R）	100	100	100

1.5 居住区规划设计的原则、要求、流程与成果

1.5.1 居住区规划设计的原则

1．符合城市总体规划要求；综合考虑城市性质、经济、气候、民俗、习俗、风貌等地域特点和区位环境，充分利用基底的自然资源、现状道路、建筑物、构筑物等。

2．符合统一规划、合理布局、因地制宜、综合开发、配套建设的原则。

3．适应居民的生活行为规律，综合考虑日照、采光、通风、防灾、配建设施和管理要求，创造安全、卫生、方便、舒适和优美的居住生活环境。

4．为弱势人群的生活和社会活动提供条件。

5．为工业化生产、机械化施工和建筑群体、空间环境多样化创造条件；为商品化经营、社会化管理和分期实施创造条件。

6．充分考虑社会、经济和环境三者统一的综合效益与持续发展。

1.5.2 居住区规划设计的要求

1．方便——人的需要在时间、空间上的分配水平与质量

包括：布局、道路、停车、公共配套设施、场所、无障碍设计是否满足居民生活行为模式及地方习俗等。

2. 舒适——健康环境与居民生理、心理要求的适应与和谐

包括：建筑功能、日照、采光、通风、噪声、设备、生活能源、环境绿化水平、自然资源利用、自然平衡等指标。

3. 卫生——居住区物理、卫生环境对居民生命与生活质量的保障

包括：声、光、热环境符合国家标准，有良好的日照、采光和通风；生活用水和控制质量达标；建筑建材符合健康环保要求；医疗健身设施完善。

4. 安全——居住环境与生活的协调与安定以及各功能系统正常运转的保障

包括：安全防卫、物业管理、交通安全、社会秩序、人权保障、邻里关系等。

5. 优美——人与视觉环境的情境沟通与交融

包括：环境、建筑与环境协调、空间丰富、色调和谐、文化品位、审美等因素。

1.5.3　居住区规划设计的流程

第一阶段：准备

1. 社会环境——建设目的、规划方针、区位分析、规划条件

2. 物理环境——周边情况、自然条件、风土文化、地块定位

第二阶段：明确规划理念

1. 明确目标与原则——可持续发展、与环境共融共生、舒适、人文底蕴延续

2. 制定规划方针——继承风土文化、明确结构骨架、近邻型社区、充实公共空间、公共交通优先、重视步行、水与绿地成系统、空间多样化

第三阶段：规划设计

1. 规划骨架——土地利用、交通组织、绿化景观、公共空间构建

2. 规划方案——总平面布局、交通规划、公建规划、中心区详细规划、土地利用、景观规划、绿化规划、居住区详细规划

3. 规划导则——土方规划、项目概算

第四阶段：建筑方案设计

1. 住宅单体设计

2. 景观方案设计

3. 公建单体设计

4. 规划调整

1.5.4　居住区规划设计的成果

1. 分析图

包括：基地现状及区位关系图（人工地物、植被、毗邻关系、区位条件等）；

基地地形分析图（高程、坡度、坡向、排水等分析）；

规划设计分析图（规划结构，空间环境，道路系统、公建系统、绿化系

统分析等)。

2. 规划设计编制方案图

包括：居住区规划总平面图（用地界线确定及布局、住宅群体布置、公建设施布点、社区中心布置、道路结构走向、静态交通设施、绿化布置等）；

建筑选型设计方案图（住宅平立面图、主要公建平立面图等）。

3. 工程规划设计图

包括：竖向规划设计图（道路竖向、室内外地坪标高、建筑定位、挡土工程、地面排水、土石方量平衡等）。

管线综合工程规划设计图（给水、污水、雨水、燃气、电力电讯等基本管线布置，采暖供热管线、预留埋设位置等）。

4. 形态意向规划设计图或模型

包括：全区鸟瞰或轴测图、主要街景立面图、社区中心及主要空间结点的平、立、透视图。

5. 规划设计说明及技术经济指标

包括：规划设计说明（设计依据、任务要求、基地现状、自然地理、地质、人文，规划设计意图、特点、问题、方法等）。

技术经济指标（居住区用地平衡表，面积、密度、层数等指标，公建设施指标，住宅标准及配置平衡，造价估算等）。

1.6 居住区规划设计的基础资料

居住区规划设计必须考虑一定时期经济水平和人们的文化、经济生活状况、生活习惯要求，以及气候、地形、地质、现状等基础资料，这都是规划设计的重要依据。

1. 政策法规性资料项目

(1) 城乡规划法规、居住区规划设计规范；

(2) 住宅、道路、公建、绿化及工程管线等其他相关规范；

(3) 城镇总体规划、区域规划、控制性详细规划的有关要求；

(4) 居住区规划设计任务书。

2. 人文地理资料项目

(1) 基地环境：建筑形式、环境景观等；

(2) 人文环境：文物古迹、历史底蕴、地方风俗、民族文化等；

(3) 其他：居民、政府、开发建设等各方要求及造价、经济承受能力等。

3. 自然地理资料项目

(1) 地形图：区位地形图、基地地形图；

(2) 气象：风象、气温、降水、云雾及日照、空气湿度、气压、空气污染度等；

(3) 工程地质：地质构造、土质特性、承载力、地层稳定性、地震及烈度等；

(4) 水源：地面水、地下水。

4．工程技术资料项目

（1）城市给水管网供水：管径、坐标、标高、管道材料、最低压力等；

（2）排水：排入点坐标、标高、管径、坡度、管道材料、允许排量、污水清洁等；

（3）防洪：历史最高水位、防洪要求和措施；

（4）道路交通：道路等级、宽度、结构、坐标、标高、距离、公交站位置等；

（5）供电：电源位置、供电线方向及距离、线路敷设方式、高压线等。

5．现状、地形分析

（1）现状分析：对用地各类设施加以确认，分辨需要保留、利用、改造、拆除、搬迁的项目；对基地周边关系分析主要是确认规划地块在地域中的关系位置、地位作用、道路交通、周边环境设施、建筑形式、地域风貌等。

（2）高程分析：按相同的等高距，将等高线以递增（减）方向分成若干组，以不同的符号或颜色区分，以显示地块高程变化情况，最大高程与最低高程的部位及其高程差，可以为某些设施的布局提供依据。

（3）坡度分析：一般将地面坡度（i）分为三个档次

一类用地：$i \leqslant 10\%$ 对建筑布置、道路走向影响不大

二类用地：$10\% < i < 25\%$ 对建筑布置、道路走向有一定影响

三类用地：$i \geqslant 25\%$ 对建筑布置、道路走向影响较大

按照坡度分级，分别将地块内相应坡度地段以不同符号或颜色加以区分，形成坡度分析图。确定地面坡度的方法是用等高线的垂直距离，即等高线最小平距长度 d 直接在地形图上量取，如图1-13所示。

等高线最小平距长度 d 的计算式为：

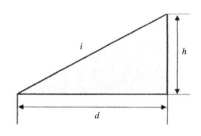

图1-13 等高线最小平距示意图

由 $i = h/dM$ （1-1）

得 $d = h/iM$ （1-2）

i——等高线最小平距的地面坡度；

h——等高线最小平距的长度；

d——等高线最小平距两端点高程差；

M——所用地形图的比例尺分母数。

等高线垂直距离长度为 $d \geqslant 1cm$（即 $i \leqslant 10\%$）的地段为一类用地；

等高线垂直距离长度为 $0.4cm < d < 1cm$（即 $10\% < i < 25\%$）的地段为二类用地；

等高线垂直距离长度为 $d \leqslant 0.4$cm（即 $i \geqslant 25\%$）的地段为三类用地。

坡度分析可帮助节约土石方工程，一般要求建筑、道路尽量平行于等高线或与之斜交布置，避免与等高线垂直布置；同时也可利用地形坡度做建筑的错迭处理增加建筑层数，取得富于变化的建筑空间与形体。

（4）坡向分析：将地形图分为东、南、西、北四个坡向，分别以符号或颜色区分，即形成坡向分析图。四个坡向的求作，是以相应方位的 45° 交界线划分，即将等高线四个方位 45° 切线交点分别连线，两相邻连线间的地段分别为相应的坡向。

在我国南向坡是向阳坡，为建筑用地最佳坡向，根据坡度大小，南向坡内的建筑日照间距可适当缩小以节约用地；北向坡为阴坡，应适当加大建筑日照间距以保证必要的日照；西向坡在炎热地区要注意遮阳防晒，严寒地区因能取得一定日照而优于北向坡；东向坡对南、北方地区相对均比较适宜。

（5）排水分析：即作出地面的分水线和集水线（汇水线）来分析地表水流向，分水线即山脊线，山脊的等高线为一组凹向低处的曲线，其最小曲率曲线的法线与切线的交点连线即为山脊线；集水线即山谷线，山谷的等高线为一组凸向高处的曲线，其最小曲率曲线的法线与切线的交点连线即为山谷线。排水分析可作为地块内地面排水和管线埋设的依据。

下面，我们列举一个西南地区某居住小区具体的现状和地形分析实例来帮助理解。

由现状图（图1-14）分析可知：该小区地处某城郊高新开发区附近，主要服务于该开发区，居民上下班走向明确，小区道路走向与主入口具有南、北、西三个方向的可能性；现存房屋较简陋，无保留价值；380V电力线随开发区建设的推进会逐步拆迁，规划不予考虑；10kV电力线系高压线，做保留处理，

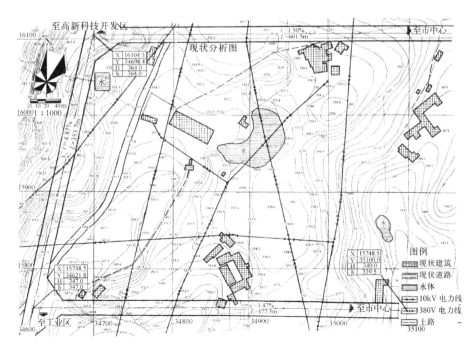

图1-14 西南某居住小区现状分析图

高压走廊用作绿化、活动、停车场地；西侧南北向的土路、中心水体、西北和东南小水体可视规划情况加以利用。

由高程分析（图1-15）可知：该小区最大高程360m，最低高程345.8m，最大高程差为14.2m，西北、北、中东部地势较高，中西部低，东和西南部最低；根据风玫瑰图，北风和东北风为主导风向，中西部、西南部通风环境较差；按高程差，地块可分为中西部、中东部、东部三大片区，为避免竖向交通，可按三大片区分别布置载重量大且能频繁运输的设施；无障碍设施也应分别布点。

从坡度分析图（图1-16）中不难看出，该小区基地东部多为三类用地，中西部地势较为平缓，有少量二、三类用地，主要道路应南北走向布置，保持与等高线基本平行，小区主入口以南、北两向为宜；建筑布置，中部较自由，西部边缘和东部建筑布置应做错跌处理，或采用点式住宅，以增强对地形的适应能力。

从坡向分析图（图1-17）来看：该小区西部地段以南向坡为主，部分东向坡，整个西部地段坡向为小区最佳；东部地段次之，东部以东向坡为主；中部地段最差，以西向坡为主。规划设计时应根据不同坡向给予相应处理。

从该地块排水分析来看（图1-18）：该小区西部排水主要为西向和西南向；中部地段排水主要为南向和西南向；东部排水主要为东北和东南向。整个小区地面排水处理有两个主要方向，即中部、西部向西南向排水，东部向东南向排水，此分析结果应作为小区地面排水和地面设计标高的依据。

居住区规划设计除对规划地块进行现状、地形分析外，还应全面综合各种因素统筹谋划与构思。

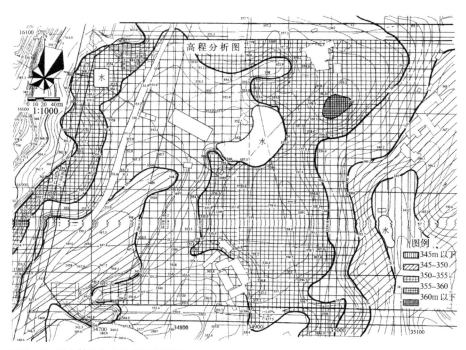

图1-15 西南某居住小区高程分析图

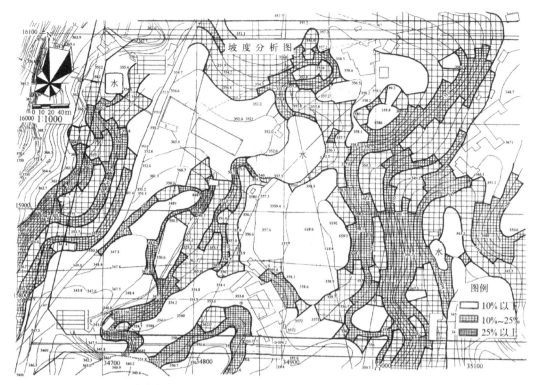

图 1—16　西南某居住小区坡度分析图

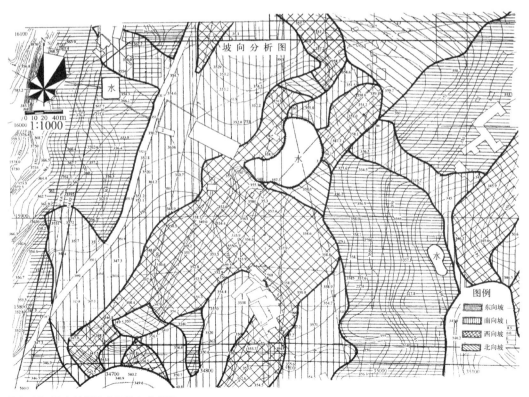

图 1—17　西南某居住小区坡向分析图

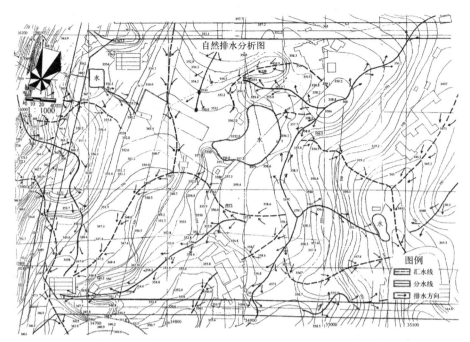

图 1—18 西南某居住小区排水分析图

本教学单元小结

本单元阐述了居住区规划的演进史、形成过程和未来发展方向；居住区的组织构成；居住区规划设计的原则、要求、流程与成果；居住区规划设计的基础资料依据。

课后思考

1. 我国居住区规划的演变分为几个阶段？简述各个阶段的发展过程。
2. 我国未来居住区规划的发展趋势？
3. 居住区规划设计的构成要素有哪些？
4. 居住区规划的流程和最终成果是怎样的？
5. 简述居住区规划设计的基本原则与要求。

2

教学单元 2　居住区规划结构与布局形式

教学目标

通过本单元的学习，我们要学会辨别居住区类型，了解居住区规划布局的基本形式，学会从社区建设的角度和系统性设计的理念出发进行居住区规划设计，并掌握居住区整体规划布局的分析方法。

由居住区的组织构成可知，居住区是一个多元多层次结构的复杂综合有机体。居住区以居住功能为主，兼有服务、交通、工作、休憩等多种功能，各功能既相对独立自成系统，又相互联系成为有机整体。

居住区同时还是一个社会学意义上的社区。它包含居民的邻里关系、价值观和道德准则等维系个人发展和社会稳定繁荣的内容。所以居住区的构成既要考虑物质组成的部分，也要关注非物质精神层面内容的构建。

2.1 居住区规划组织结构

整体性、系统性、规律性、可转换性和图式表现性是结构的基本性质。整体性要求对象的内容或元素完整全面；系统性要求对象的内容或元素在整体上具有相互的关联；规律性要求系统间具有相互作用的基本关系；可转换性要求在基本关系的作用下具有构成各具体结构的机能；图式表现性则要求能够用图形、图表或公式来表现出研究对象的结构特征和内在关系。城市的规划结构：包含规划对象全部的构成要素，反映各系统的内在和相互间基本关系，同时可以在定量要素上用图表、在定性要素上用文字、在空间形态上用图形来表现。

居住区作为城市用地的组成部分，从体制上讲，居住区是城市内的一个行政区划；从空间上讲，居住区是城市空间的一个层次或节点。居住区的体制结构因城市规模、基地条件和经营管理方式的不同，有若干类型，主要有：

居住区——居住小区——居住组团（三级结构）；

居住区——居住小区（二级结构）；

居住区——居住组团（二级结构）。

此外，还有独立居住小区和独立居住组团之分，它们都具有相对的独立性。这种行政区划，不是一种固定的模式，它将随着社会、经济、科技发展而不断变化。

1994年颁布的国标《城市居住区规划设计规范》GB 50180—93（2002版）中提出了居住区、居住小区和居住组团的用地配置参考数据，图2-1显示了住宅院落、住宅群落、住宅小区、住宅区相互间的构成关系和它们与城市的构成关系。

由于地域性经济发展的差距，居住区的体制必然呈现多元化结构，并展示出多样化的规划布局形式。

2.1.1 居住区类型及用地规模与配置

居住区：是一个城市中住房集中，并设有一定数量及相应规模的公共服

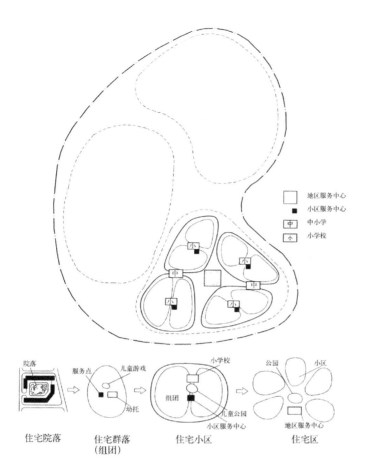

图 2-1 住宅—住宅区—城市构成示意图

（图中图例）
□ 地区服务中心
■ 小区服务中心
中 中小学
小 小学校

（底部四图标注）
住宅院落
住宅群落（组团）
住宅小区
住宅区

务设施和公用设施的地区，是一个在一定地域范围内为居民提供居住、游憩和日常生活服务的社区。由若干小区或组团组成。

规　模——人口 30000～50000 人，户数 10000～16000 户，用地 50～100ha。

居住小区：由城市道路或自然界线划分的、具有一定规模并不为城市交通干道所穿越的完整地段，内部设有整套满足居民日常生活需要的基层服务设施和公共绿地。由若干组团组成，是构成居住区的一个单位。

规模——人口 7000～15000 人，户数 3000～5000 户，用地 10～35ha。

居住组团：由若干栋住宅组合成的，并不为小区道路穿越的地块，内设为居民服务的最基本的管理服务设施和庭院，是构成小区的基本单位。

规模——人口 1000～3000 人，户数 300～1000 户，用地 4～6ha。

住宅街坊：由城市道路或居住区道路划分，用地灵活，无固定规模的居住地块。其规模介于居住组团和居住小区之间，通常沿街建有商业设施，内部建住宅和其他公共建筑。

住宅群落：规模介于单栋住宅和居住小区之间，是一种适合既有城市路网（特别是旧城）的居住形式。

社区：指一定地域内人们相互间的一种亲密的社会关系。德国社会学家腾尼斯提出了形成社区的四个条件：有一定的社会关系、在一定地域内相对独立、有较完善的公共服务设施、有相近的文化、价值认同感。

良好的邻里关系是形成社区的基础，邻里关系是一种以社会道德为基础，包括文化、价值观念等的社会关系，分为自觉帮助型、愿意帮助型、应该帮助型三个层次。

居住区规划从社会发展角度看就是要形成社区，构建广义交流层次上的良好人际关系，从物质形态构筑上讲是提供一些场所。所谓"场所精神"便是一种在空间中进行的社会活动特征。在一定地域内具有完善的生活服务设施和良好服务、居民间有良好的人际关系、社会安定是社区的基本特征，也是城镇居住区规划设计的目标之一。

2.1.2 设施分级与布局

在城镇居住区中，公共服务设施、道路和公共绿地与户外活动场地设置的项目、数量和规模一般均应根据居住区、居住小区、居住组团三级进行配置，其中道路的分级有时分为四级设置到住宅单元级（见表2-1）。分级的要求是以各类设施的使用频率和人口规模为依据的。

居住区主要设施分级 表2-1

分类	项目	居住区级	居住小区级	居住组团级
绿地及户外活动场地	居住区公园	▲		
	小区小游园		▲	
	住宅院落绿地			▲
	幼儿游戏场地			▲
	儿童游戏场地		▲	▲
	青少年活动场地	▲	▲	
	老年健身休闲场地	▲	▲	
道路	居住区道路	▲		
	居住小区道路		▲	
	居住组团道路			▲
	宅间小路			▲
商业服务	粮油店		▲	△
	燃气站		▲	
	菜市场	▲	▲	
	食品店	▲		
	综合副食店		▲	△
	24小时便利店*		▲	
	小吃部		▲	▲
	饭馆	▲		
	小百货店		▲	

分类	项目	居住区级	居住小区级	居住组团级
商业服务	综合百货商场	▲		
	大中型超市*	▲		
	照相馆	△		
	服装店	△		
	日杂店	▲	△	
	中西药店	▲		
	理发店	▲		
	浴室	△		
	洗衣店	▲	△	
	书店	▲	△	
	综合修理部	▲	△	
	旅馆	▲		
教育	托儿所		▲	△
	幼儿园		▲	▲
	小学		▲	
	中学	△	▲	
医疗卫生	门诊所	▲	△	
	卫生站			▲
	医院（200~300床）	△		
文化体育	文化活动中心（文化馆）	▲		
	文化活动站		▲	△
	社区活动（服务）中心*	▲	▲	
	居民运动场	△		
金融邮电	银行	▲	△	
	储蓄所		▲	
	邮电局	▲		
	邮政所		▲	
行政管理	街道办事处	▲		
	派出所	▲		
	居委会			▲
	房管所	▲		
	房管段		▲	
	物业管理公司*	▲	▲	
	市政管理所	▲		
	绿化环卫管理所	▲		
	工商税务所	▲		
产业	街道第三产业	△	△	

注：1. ▲为应配件项目，△为适宜设置项目。

2. *项目为具有综合功能的设施，根据不同情况可替代部分单项设施。

居住区的各项设施既与居民生活密切相关，同时也是空间景观的活跃因素。

1. 服务半径

服务半径是指各项设施所服务范围的空间距离或时间距离。各项设施的分级及其服务半径的确定应考虑两方面的因素：一是居民的使用频率，二是设施的规模效益。满足服务半径要求是规划布局考虑的基本原则，应该根据服务的人口和设施的经济规模确定各自的服务等级及相应的服务范围（图2-2）。

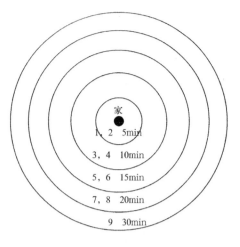

图2-2　主要设施适宜的步行时间距离
1—老人活动场；
2—儿童游戏场；
3—幼儿园；
4—文化活动站；
5—小学；
6—商业中心；
7—中学；
8—超市；
9—医院

上图是从时间距离的角度对居住区各项设施的服务半径所作出的规定，从空间距离的角度，居住区各项设施的服务半径也有相关的规定：居住区级800～1000m、居住小区级300～500m、居住组团级150～200m。各类设施的布局在满足各自的时空服务距离的同时，还应以达到使居民有更多的选择性为目标。

2. 布局原则

公共服务设施：各类公共服务设施应根据设施规模、服务对象、服务时间和内容等方面的特性在平面或空间上组合布置。商业设施和服务设施宜相对集中的布置在居住区的出入口处；文化娱乐设施宜分散布置在居住区内部或集中布置在居住区中心；综合性社区活动设施宜安排在较为重要与便捷的位置，以提升住区活力。

教育设施：各类教育设施应安排在居住区内部与步行和绿地系统相联系。中小学的布置应考虑噪声影响、服务范围和出入口位置等因素。

绿地：绿地布局应以达到环境与景观共享、自然与人工共融为目标，充分考虑居住区生态建设的要求，尽量保持和利用自然地形地貌；绿地的布局系统宜贯穿整个居住区的各个具有相应公共性质的户外空间，尽可能通达至住宅；应与居住区步行系统结合并将户外活动场地纳入其中；绿地系统不宜被车行道过多分隔或穿越，也不宜和车行系统重合。

户外活动场地：应与步行和绿地系统紧密联系或结合，通路应具有良好的通达性；幼儿和儿童活动场地应接近住宅以便于监护；青少年活动场地应避免对居民日常生活的影响；老年人活动场地宜相对集中。

道路：以交通组织为基础，应充分考虑周边道路的性质、等级、线型及交通状况；道路的规划布局是居住区整体规划布局的骨架，要充分考虑道路对空间景观、空间层次、形象特征的建构和塑造的影响；还应考虑城市的路网格局形式，使居住区道路融入城市整体的空间结构之中。

停车设施：非机动车停车宜尽可能安排在室内，接近自家单元，可以一个住宅组群，250～300辆为单位集中设置；机动车停车安排以室内和室外相结合，在相对集中的前提下尽可能接近自家单元；停车设施的布局应依据居民出行的方便程度来安排，同时要保证区内的安静安全和环境卫生。

2.1.3　空间层次与组合

1. 空间层次

大致来说，生活空间划分为：私密空间－半私密空间－半公共空间－公共空间四个层次。在生活空间建构应遵循四个层次逐级衔接的原则，应保证各层次生活空间领域的相对完整；注重各层次空间相邻衔接点的处理；还应考虑不同层次空间的尺度、围合程度和通达性。

2. 空间轴线

居住区的空间组织是根据居住区的规划组织结构，把规划的空间结构、空间层次、景观结构和自然环境结构这些因素统一考虑，并主要由空间轴线将其整合为一体。空间轴线不仅将所有的空间要素串联在一起，也成为居住区中功能空间有机联系的一种方法，主要有以下几种：

从功能分——商业轴、文化轴、景观轴等。这种轴线设计可以营造活跃开放的公共空间，在创造适宜场所的同时也有利于居民的交流。这种轴线适用于大规模的居住区设计，用轴线成为规划组织结构的主要骨架。如××市新城区二号地块规划（图2-3），运用东西向通透的景观轴线，设计数条视野走廊，为小区提供了良好的通风景观环境，小区绿地和市政道路绿地空间相连，与大小绿洲结合，形成疏密有致的绿带，使居民生活在公园里，也为城市带来大自然的气息。

从联系方式分——街道轴、视线轴、活动轴、空间轴等。这种空间轴线设计适用于规模适中的居住区或大规模居住区中的居住组团的空间营造。如××县宁波路北侧地块（图2-4）的规划设计方案中，就是以中心一条纵贯南北的步行景观道作为轴线组织空间的，小区的路轴也成为城市景观视线的延续和城市活动的延续。

从长短分——连续性长轴、间断性短轴等。

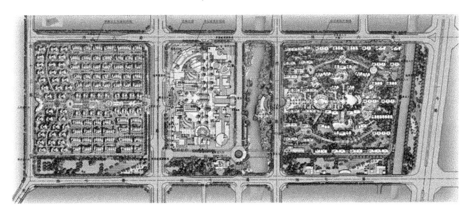

图2-3　××市新城区二号地块规划平面

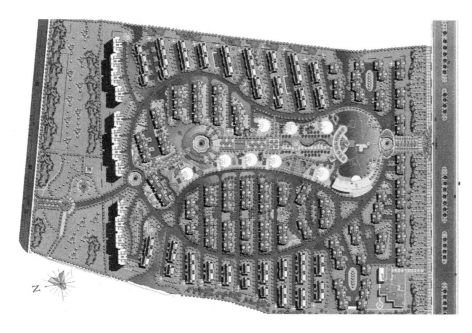

图2-4 ××县宁波路北侧地块平面

3．景观节点

在居住区空间及景观设计的一些重要位置，需要设计必要的景观节点，比如轴线端部（图2-5）、轴线交叉处、长轴的中部、需吸引驻留之处（图2-6）等。

4．标志体系

随着居民对居住区品质的重视及市场优胜劣汰选择的残酷性加强，设计者们越来越注重居住区标志性的创造。从城市来看，公共建筑或构筑物可以成为整个居住区乃至当地区域的标志物（图2-7）；从居住区来看，住区环境中小品的创造和其他标志的设计非常适于小尺度空间环境的营造，成为组团中的标志物。

图2-5 轴线端部景观节点（左）

图2-6 驻留处节点（中）

图2-7 具有标志性的构筑物（右）

2.1.4 视觉景观与形象

居住区规划设计应力求塑造出具有可识别性的空间景观和具有特色的居住区形象。空间景观的规划结构应充分考虑周边和整个城市的空间景观现状以及规划的空间景观框架结构，将居住区的空间景观系统纳入整个城市或地区之中；还应充分考虑居住区内外现有的自然环境，将住区内外的自然景观纳入住区空间景观的构筑框架。

此外，居住区的空间景观还要兼顾建筑层数的选择分布、外部空间衔接、布局、形态、用途、尺度、街道的格局与形式和建筑布局与风格等方面。具体要求如下：

1. 保证各层次的空间领域的相对完整；
2. 注重各层次空间的衔接和过渡；
3. 考虑不同层次空间的尺度、围合程度和通达性；
4. 建立富有特色的空间组织形态；
5. 把握好建筑及其群体的尺度；
6. 利用周边环境中有价值的景观因素；
7. 深入挖掘地块中可利用的景观因素；
8. 再造景观；
9. 营造连续的富于变化的景观序列。

2.2 居住区物质系统与社区系统

2.2.1 居住区物质系统

居住区一般都是由住宅用地、公共服务设施用地、道路用地和公共绿地以及相应的住宅、公建、道路交通设施以及绿地四大系统组成，其系统内部存在一个分级的结构层次，对应服务于相应的居住人口。

1. 住宅与住宅用地系统

"住宅"是一个整体概念，包含住宅用地上的所有居住建筑（图 2-8），分别以不同的居住人口规模要求配置相应等级的服务、道路、绿地与场地设施。

图 2-8 住宅与住宅用地系统

住宅用地 → 居住组团 → 住宅群落 → 住宅群落 → 住宅（栋）→ 住宅单元 → 户

2. 道路与停车设施系统

道路交通设施与停车用地包括居住区内的为通达至住宅、设施、场地和可活动绿地的通路以及为居民服务的非机动车和机动车停车设施（图 2-9）。

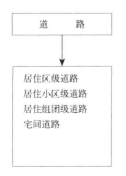

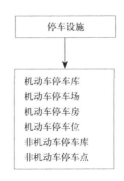

```
道路
 ↓
居住区级道路
居住小区级道路
居住组团级道路
宅间道路
```

```
停车设施
 ↓
机动车停车库
机动车停车场
机动车停车房
机动车停车位
非机动车停车库
非机动车停车点
```

图 2-9 道路与停车设施系统

3. 公共建筑与公共服务设施系统

居住区的公共建筑以及相应公共服务设施用地是指主要为该居住区居民日常生活服务的商业服务、文化教育、运动、医护等设施及其用地，这些设施的规模要与所服务的人口对应，并分级设置（图2-10），即"公建配建（套）"。

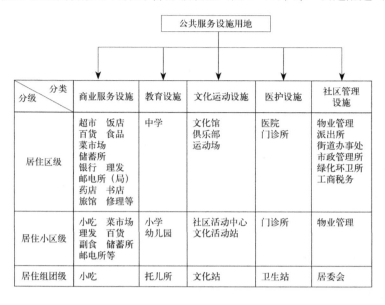

图2-10 公共建筑与公共服务设施系统

4. 绿地与户外活动场地

包括居住区的各级各类绿地以及各类户外活动场地（图2-11、图2-12）。

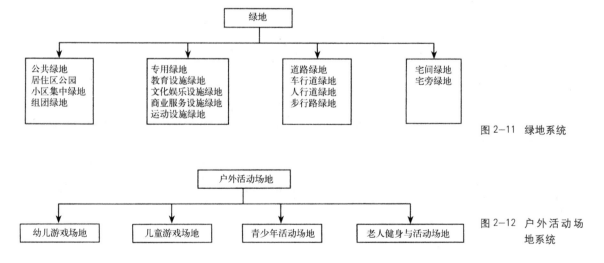

图2-11 绿地系统

图2-12 户外活动场地系统

2.2.2 居住区社区系统

现代社区应该从生活品质出发，全方位改善和提高可居性。以此为出发点，社区系统必须完善，可分为生活保障、育才就业、交流参与和运营四大系统（图2-13）。

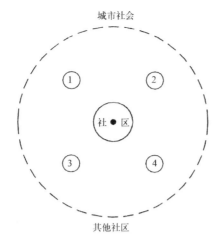

城市社会

社 • 区

其他社区

图 2-13 社区系统示意
1—生活保障系统；
2—交流参与系统；
3—育才就业系统；
4—运营系统

1. 社区生活保障系统

生活保障系统包含有基本服务保证、通行条件保证、义务教育保障、住房保障、环境卫生保障、基础设施供应保障、安全保障、绿地面积保障、绿化环境保障以及健康保障。

2. 社区育才与就业系统

社区育才系统并不是简单地配建中小学和幼托，而是包括提供从幼儿到成人的完整教育内容，其功能不仅仅局限于义务教育，而是一个包括青少年教育、成人教育等内容的网络，也是一种创造再就业机遇的有益途径。

城市经济与社会的发展使服务多样化，多样化的社区服务又提供了更多的就业机会，社区就业可作为社会经济发展过程中剩余劳动力资源的二度消化，包括社区中和社会上的待岗及下岗人员。

3. 社区交流与参与系统

社区是社会大系统与家庭之间的纽带，公平共享是社区存在的重要基础。社区是由时间、空间、设施及其活动内容等要素构成的特定行为场所，在社区的户外空间中，每个空间都应当具有适合于公共活动产生的可能性和多义性。

4. 社区运营系统

运营系统是社区维持维护和改善发展的基础。通过该系统，社区的各项职能得以发挥，各项设施得以运作，住户利益得到保障。社区保障、就业、育才、交流、参与系统的建立和良好运转都需要该系统的统筹协调和经营。

随着社会经济的发展，社区的职能将会越来越综合化和复杂化，也将使网络型的社区系统结构发挥更大的作用。社区网络系统的建构需要具备四大要素：一是各子系统中应有层次分工；二是各子系统均应是可无限扩展的；三是各子系统间应该有交互作用；四是所有居民对整个网络要权益共享。

2.2.3 居住区系统的整体性

居住区各类系统不是孤立的，与周边地区和整个城市相应的各项系统密切相关。在物质系统构成上，居住区系统是城市物质系统的基本单元；在物质

教学单元2 居住区规划结构与布局形式　**33** ·

系统空间布局上，它是城市整体结构的有机组成部分；在社会生活方面，它又是整个社会生活网络的重要节点。

2.3 居住区规划布局形式

居住区规划布局形式与上述规划组织结构基本一致，分级划分用地；也可以不一致，因地制宜地创造丰富多彩、特色鲜明的布局形式。主要有以下几种主要形式：

1. 片块式布局

住宅建筑在尺度、形体、朝向等方面具有较多相同的因素，并以日照间距为主要依据建立起来的紧密联系所构成的群体，它们不强调主次等级，成片成块，成组成团地布置，形成片块式布局形式，如图 2—14 所示。

优点：布局灵活，各片块相对独立，便于施工及管理。

缺点：无主次空间之分，缺乏层次感。

适用范围：既有居住区规划布局最常用的一种形式。

2. 围合式布局

住宅沿着基地外围周边布置，形成一定数量的次要空间并共同围绕一个主导空间，构成后的空间无方向性，主入口按环境条件可设于任一个方位，中央主导空间一般尺度较大，统率次要空间，也可以其形态的特异突出主导地位。该布局可有宽敞的绿地和舒适的空间，日照、通风和视觉环境相对较好，但要注意控制适当的建筑层数，如图 2—15 所示。

优点："围合式"住宅能形成有效的社区边界，创造出一个私密性良好的生活空间。"围合"在心理上给人以安全感和归属感，使居民有互相交往的愿望，形成"熟人社区"。另外，"围合式"社区规模较小，容易封闭，这样儿童能安全地在社区里面玩耍，老人也可以随意走动，比较符合中国人的传统生活习惯。

图 2—14 片块式布局（左）

图 2—15 围合式布局（右）

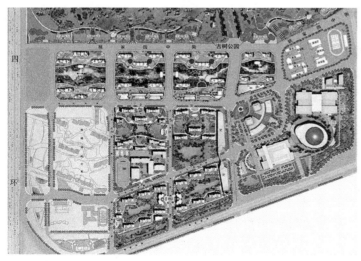

缺点："围合式"住宅从通风、日照的角度讲不如敞开式，比如楼宇中间的绿化得不到充足的光照和通风。

适用范围：占地较小，但追求品质的客群的产品。

3. 轴线式布局

空间轴线或可见或不可见，可见者常为线性道路、绿化带、水体等构成，但不论轴线的虚实，都具有强烈的聚集性和导向性。一定的空间要素沿轴布置，或对称或均衡，形成具有节奏的空间序列，起着支配全局的作用，如图 2-16 所示。

优点：居住区呈现层次递进、起落有致的均衡性。

缺点：轴线长度较长时，如处理不好易出现单调感。

适用范围：可高低起落，空间序列丰富，其节点具有特色。

4. 向心式布局

将空间要素（居住空间）围绕占主导地位的要素组合排列，表现出强烈的向心性，易于形成中心。并以自然顺畅的环形路网造就了向心的空间布局，如图 2-17 所示。

优点：各居住分区围绕中心分布，既可用同样的住宅组合方式形成统一格局也可以允许不同的组织形态控制各个部分，强化可识别性。

缺点：资源分配存在一定的不均匀性。

适用范围：往往选择有特征的自然地理地貌（水体、山脉）为构图中心，同时结合布置公共服务设施，形成居住中心。

5. 集约式布局

将住宅和公共配套设施集中紧凑布置，并尽力开发地下空间，使地上地下空间垂直贯通，室内外空间渗透延伸，形成居住生活功能完善、水平－垂直空间流通的集约式整体空间，如图 2-18 所示。

图 2-16　轴线式布局
（左）
图 2-17　向心式布局
（右）

优点：节地节能，在有限的空间里可较好满足现代城市居民的各种要求。

缺点：布局紧凑，开发强度较大，居住品质降低。

适用范围：集约式布局由于节省用地，可以组织和丰富居民的邻里交往及生活活动，尤其适用于旧区改造和用地较为紧张的地区，在一些用地狭小、地段不规整的区域，也可选择集约式布局。

图 2—18 集约式布局

6.隐喻式布局

将某种事物作为原型，经过概括、提炼、抽象成建筑与环境的形态语言，使人产生视觉和心理上的联想与领悟，从而增强环境的感染力，升华为"意在象外"的境界，如图 2—19 所示。

优点：具有视觉及心理感染力，客户感知度强。

缺点：易流于形式，难以做到形、神、意融合。

适用范围：追求品质或个性的客群的产品。

7. 综合式布局

综合式布局指兼容多种形式形成的组合式或自由式布局，如图2-20、图2-21所示。

在实际规划设计操作中，各种布局形式往往以一种形式为主。

图2-19 隐喻式布局（左）

图2-20 组合式布局（中）

图2-21 自由式布局（右）

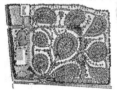

2.4 居住区规划布局分析

在居住区整体布局的构架中，道路系统起着骨架作用；公建系统是社区建设的核心因素；绿化系统则是生态平衡因素、空间协调因素、视觉活跃因素。它们与占主导地位、比重大的住宅群一体，紧密结合基地地理条件和环境特点，构成一个完善的、相对独立的有机整体。

对居住区规划布局的基本要求：方便居民生活，利于组织管理；合理组织人流、车流，利于安全防卫；公共活动中心方便使用、经营和社会化服务；规划设计构思新颖、环境协调，富有特色。

道路系统是居住区规划布局的骨架。根据地形、气候、用地规模、周围环境及居民出行方式规律；结合居住区的结构和布局来确定，满足使用、安全、经济的要求。

居住区公共服务设施以居住人口规模为依据配建，它是构成社区中心的核心因素，应与居住区的功能结构、规划布局紧密结合，并与住宅、道路、绿化同步规划建设，以满足居民物质与精神生活的多层次需要。

居住区的绿化系统除公共绿地（居住区公园、小游园、组团绿地）还包括宅旁绿地、公共服务设施专用绿地和道路绿地等非公共绿地，此外还包括区内生态、防护绿地。为增大绿化效率，应充分利用空间，发展垂直绿化，同时要普遍提高绿化质量。

从宏观上整体的来看建筑、街区或整个居住区的规划设计，都应视为一种空间环境的规划设计，即将居住区视作是室内外各类空间环境的综合体，并把多元的居住区环境要素加以综合，形成整体的具有内涵的居住环境。

此外，针对不同的规划方案还可有其他分析内容，如景观分析、建筑层数分析、规划设计构思分析等。分析图可帮助对方案的深入了解和审视与评价，是一个形象而简明的有效方法。其表达方式没有确定的模式，可有多种形式，但必须主题明确，表达明晰、正确。

实例图解分析：

1．××市安居苑小区——位于市区西部，长江西路南，规划的青阳路西、贵池路北、陈村路东，总用地面积 17.37ha。

总体布局（图 2-22）：以小区内人流活动作为布局构思的核心。根据基地位置、环境条件和交通分析，构筑了一条自西南向东北贯穿的步行绿化轴线。轴线两侧分别布置两条相互联系的小区主要车行道路，使之与小区居民往市中心去的主要出行方向相吻合一致。步行绿化轴又是小区公共生活轴和体现小区面貌的景观轴，小区主入口、公共中心、中心花园、小学、幼托等均串联在这条轴线上。沿着该轴线步行，广场、绿化、水池、花坛、雕塑和丰富多姿的建筑群体空间令人目不暇接，心旷神怡。

规划结构（图 2-23）：小区由主要道路划分为六个独立组团，围绕小区中心绿地布局。从中心绿地放射布置绿化步道，联系各住宅组团的组团绿地，

图 2-22 安居苑总体布局（左）
图 2-23 安居苑规划结构（右）

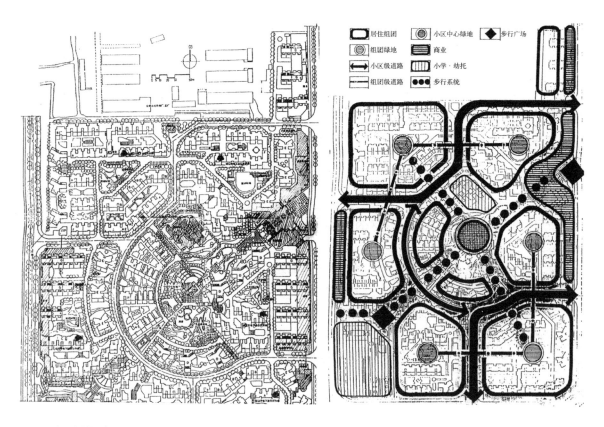

布局合理、结构清晰、联系便捷。小区总体布局力求构筑一个完整的空间层次体系，以满足居民不同层次和内容的户外活动要求。

空间组织（图2-24）：小区步行绿化轴、公共服务中心和小区主要道路为公共空间；组团绿地、组团级道路为半公共空间；住宅庭园和宅间道路为半私密空间；住宅内部为私密空间。各个层次的空间通过绿化步行路和各级道路联系过渡，层次分明、有机渗透。建筑群体空间组织力求使小区内部建筑和空间丰富多样，生动有序。注意城市街景的起伏变化和节奏感，注重小区道路的景观变化和对景组织；利用住宅的错接、转向、架空以及和公建的交替布置，创造丰富生动、形态各异的空间景观。对于各住宅组团的建筑色彩、细部处理以及地面铺装、绿化植物，规划均要求各有差异，以增加各组团的可识别性。

道路交通（图2-25）：道路逐级衔接，交通人车分行。小区道路共分三级四类。小区主要道路红线宽14m，车行道宽7m，单侧设2m宽的人行道，两侧各有2.5m宽的绿化带。组团级道路呈半环形和尽端"T"形布置。路面宽5m，两侧各有2.5m以上宽的绿化带。宅间小路与庭院融为一体，提高庭院的使用效率，打破单调感，路宽一般2~3m。小区道路布置符合"顺而不穿，通而不畅"的布置原则。静态交通方面各组团均在一幢住宅底层设半地下自行车库，由专人管理。在适当位置布置地面机动车停车场地，可停放10辆左右小汽车。

图2-24 安居苑空间
组织（左）
图2-25 安居苑道路
交通（右）

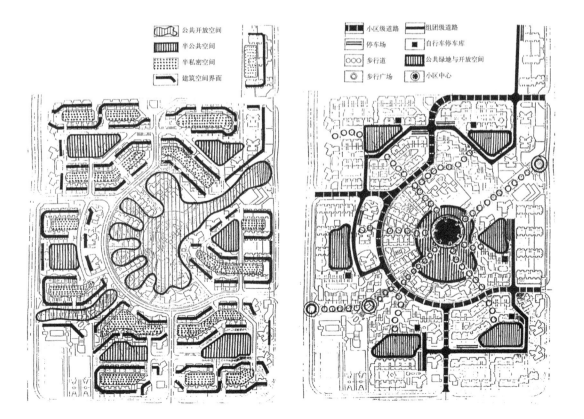

绿地景观（图2-26）：规划将绿地系统与环境景观设计作为构建小区特色的重要标志考虑。小区绿地由中心花园、组团绿地和宅旁庭院三级不同规模、形态的绿地通过放射布置、连续宽敞的步行绿带连接成有机的系统，使整个居住环境处于优美的绿化之中。中心花园由自由布置的草坪、步行道、各种游憩场地、造型生动的建筑小品和水池、花坛等构成，花园和主要步行林荫绿带连通，四周向心布置纵向退台的住宅和弧形布置的点状住宅。组团绿地各具特色，布置老人休息、健身、儿童游戏场地。公共绿地人均2.6m^2，绿地率达53%。

市政设施及工程管网（图2-27）：规划中对小区的给排水、电力、电讯、煤气等管网布置作了初步考虑。在小区南北两片分设两处变电开闭所，向小区供电。垃圾处理：采用袋装垃圾，组团设垃圾收集点。

2.××市汉之源项目（图2-28）——主要用地集中在××市汉文化风景区的西侧和南侧，呈带状分布，地块限高70m，交通便利，东侧为东三环路，北侧为和平路，南侧为郭庄路。基底有丰富的景观资源，山水丰富的地形条件为项目提供了绝佳的环境景观基础。

总体布局及空间结构（图2-29、图2-30）：一条曲直有致、充满风景变幻的小区主路纵贯南北，划分出不同的功能区块。梯级水系景观、两个重要的景观通廊及大规模组团绿地，既形成了景区景色向城市的渗透，也为住户带来了心旷神怡的深景视野。西高东低的竖向布局，实现了景观资源的最大化。商业等公共服务设施以基地东南角为重心，向住区内部适当渗透，在保证商业开发效益的同时，实现了必要的便利性。

功能布局（图2-31）：主要为高层、多层及低层三种居住产品，档次层

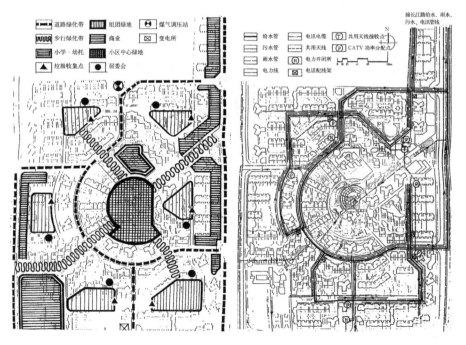

图2-26 安居苑绿地景观（左）
图2-27 安居苑市政设施及工程管网（右）

图 2-28　汉之源鸟瞰

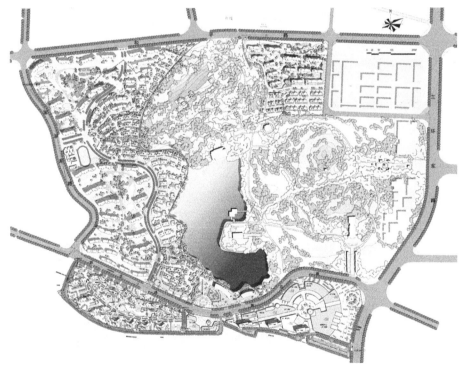

图 2-29　汉之源总平面

级划分清晰，另外在南区布置了少量 SOHO 公寓，进一步丰富了区内住宅产品的内容。

　　建筑层数及空间分布（图 2-32）：整体为西高东低的态势，完全满足地区整体城市设计的高度控制要求。远离汉文化景区的地方，建筑高度趋近规划要求的 70m；靠近汉文化景区的地方，建筑高度则越发低矮，巧妙地因借了景区风光。东南角商业主要以步行路为骨干组织建筑群，并在适当位置退让街角广场，塑造不同功能区的出入口场景；核心开敞广场有效化解了广场人群与水

图例
- 低层居住组团
- 高层居住组团
- 商业组团
- 汉文化景区
- 动态空间界面
- 空间轴线
- ○ 组团中心
- ◉ 景区中心

图 2-30 汉之源空间
结构分析

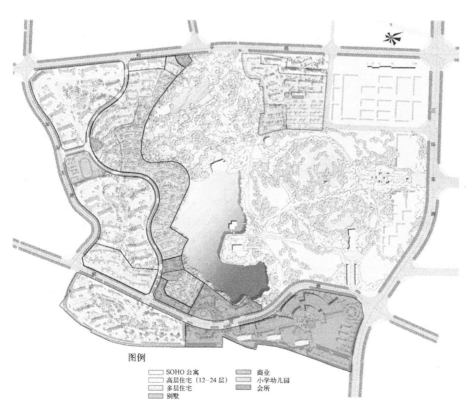

图例
- SOHO公寓
- 高层住宅（12—24层）
- 多层住宅
- 别墅
- 商业
- 小学幼儿园
- 会所

图 2-31 汉之源功能
布局分析

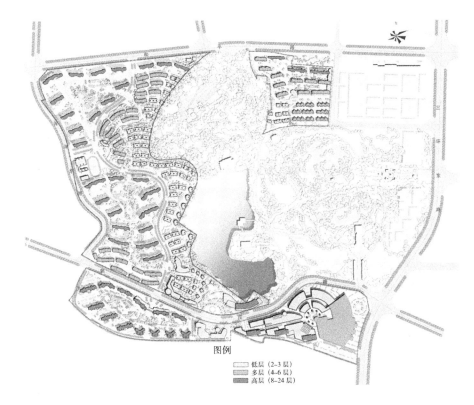

图例

▢ 低层（2-3层）
▨ 多层（4-6层）
▩ 高层（8-24层）

图2-32 汉之源建筑
层数及空间
分布

面的地形高差；酒店建筑呈弧形布置，一条舒展的曲线界面，平衡了郭庄路沿街立面；基地中部偏北的教育设施及郭庄路北侧多层住宅以较为低矮的体量，使建筑轮廓产生丰富变化，从而划分出适宜的轮廓节奏。

主要设施配套布局（图2-33）：商业公建采用集中设置方式布置在小区外围靠近城市主干道边缘，便于经营管理；其余服务设施如教育、生活配套、便利店、会所等则采用分散设置方式均匀分布在区内各主要节点，方便居民使用。

道路交通分析（图2-34）：西区有三个主要机动车出入口，一纵一横两条主要小区道路，道路线性的弯曲和转折充分考虑了限高要求、景观变化需求及用地价值平衡等多项因素；南区沿陇海铁路支线开通一条服务性道路，形成该区郭庄路上的两个和三环东路上的一个出入口，在一定程度上使建筑内容尽量远离铁路线的噪音干扰；预留发展地块则是由一条道路连接和平路上的一个主要出入口和与建材市场之间道路上的次要出入口；至于停车位，高层建筑部分地下停车，低层建筑部分户内停车，多层建筑部分地面停车，商业设施部分地面、地下方式并存，另外在每个组团出入口部分设置合理数量的访客停车位。

绿化景观分析（图2-35）：通过建筑朝向的细微变化，形成必要的韵律节奏，满足住户的最佳朝向观景条件，基本户户都有远远大于日照间距的深景视觉景观；疏密有致、高低变化的天际轮廓线刻画出山水与人工建筑景观自然和谐的景象；梯级水景呼应风景区的山水景观，使低层及部分多层建筑完全处在山水之间，形成特色鲜明的领域特征；以汉画像石为环境景观的点题要素，并赋予其丰富的变化，将地方文化特色通过物质实体，固化在人们的意识之中。

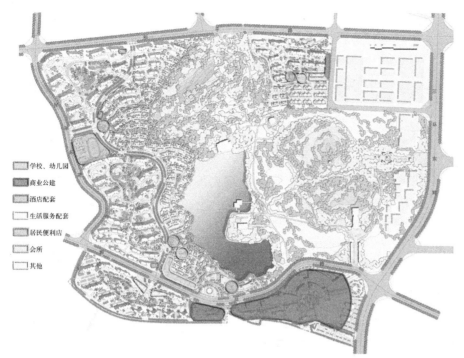

学校、幼儿园
商业公建
酒店配套
生活服务配套
居民便利店
会所
其他

图 2-33 汉之源主要设
施配套布局

图例
城市道路
小区级道路
组团道路
主要步行线路
小区主要出入口

图 2-34 汉之源道路
交通分析

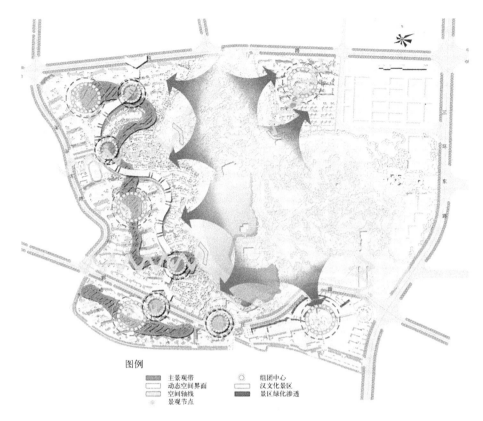

图例
■ 主景观带   ◎ 组团中心
□ 动态空间界面   □ 汉文化景区
□ 空间轴线   ■ 景区绿化渗透
⊛ 景观节点

图2-35 汉之源绿化
景观分析

本教学单元小结

　　本教学单元阐述了居住区的规划组织结构、基本分类和相应的规模配置，并从物质和社区建设的角度分析了居住区的组成系统和相互关系，介绍了居住区规划的几种不同布局的形式和不同的规划用地构成，并举例叙述了居住区整体规划布局的分析方法。

课后思考

1. 描述居住区的规划组织结构。
2. 居住区的物质系统和社区系统的构成包括哪些？
3. 试例举几种居住区规划布置的基本形式，并简要介绍其要点。
4. 简述居住区规划布局的基本要求。
5. 试分析不同居住区规划设计方案的布局类型和优劣。

3

教学单元 3　居住区住宅用地规划设计

教学目标

掌握住宅的类型、日照标准和间距、住宅群体的组合形式；熟悉住宅建筑选型要点、住宅的间距以及住宅周边的环境组织；了解日照分析软件、住宅的群体组合与节约用地。

住宅用地的规划布置是居住区规划设计的重要内容之一。其住宅的建筑面积及其所围合的宅旁绿地在建筑和绿地中也是比重最大的。住宅用地的规划设计对居住生活质量、居住区以至城市面貌、住宅产业发展都有着直接的重要影响。

3.1 住宅的选型与布置

3.1.1 住宅建筑选型要点

合理选择住宅类型一般应考虑以下几方面：

1. 根据国家现行住宅标准

具体可体现为：不同套型配置合理，套型类别和空间布局具有较大的适应性和灵活性，以保证多种选择，适应生活方式的变化和时代的发展，延长住宅使用寿命；平面布置合理，体现公私分离、动静分离、洁污分离、食寝分离、居寝分离的原则，并为住户留有装修改造余地；住宅设备完善，节约能源，管线综合布置，管道集中隐蔽，水、电、气三表出户；电话、电视、空调、宽带等专用线齐全，并增设安全保卫措施；住宅室内具有优质声、光、热和空气环境。

2. 适应地区特点

包括不同地区的自然气候特点、用地条件和居民生活习俗等。目前我国各地区都有相应的地方性住宅标准设计，可作为住宅选型的参考，如炎热地区住宅设计首先需满足居室有良好的朝向和自然通风，避免西晒；而在寒冷地区，主要是冬季防寒防风雪；坡地和山地地区，住宅选型就要便于结合地形坡度进行错层、跌落、掉层、分层入口、错迭等调整处理。山地住宅建筑竖向处理手法见表3-1。

山地住宅建筑竖向处理手法   表3-1

竖向处理手法		图示
1.筑台	对天然地表开挖和填筑，形成平整台地	
2.提高勒脚	将房屋四周勒脚高度调整到同一高度	

竖向处理手法		图示
3.错层	房屋内同一楼层做成不同标高，以适应倾斜的地面	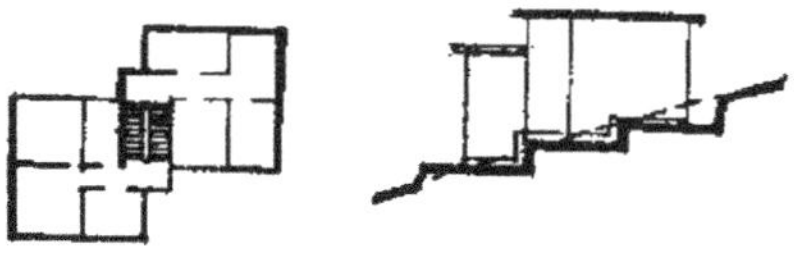
4.跌落	房屋以开间或单元为单位，与邻旁开间或单元标高不同	
5.错跌	房屋顺坡势逐层或隔层沿水平方向错移和跌落	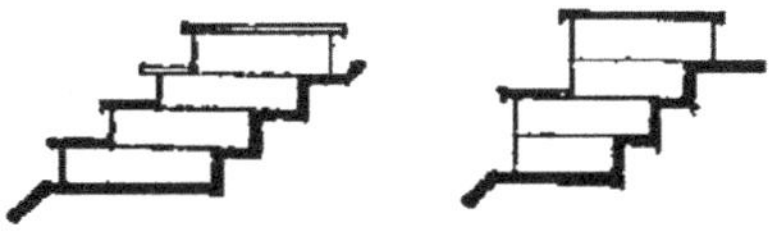
6.掉层	房屋基底随地形筑成阶状，其阶差等于房屋的层高	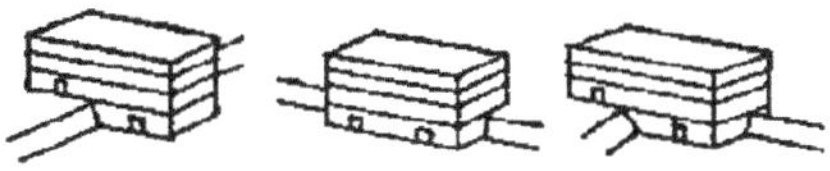
7.吊脚与架空	房屋的一部分或全部被支承在柱上，使其凌空	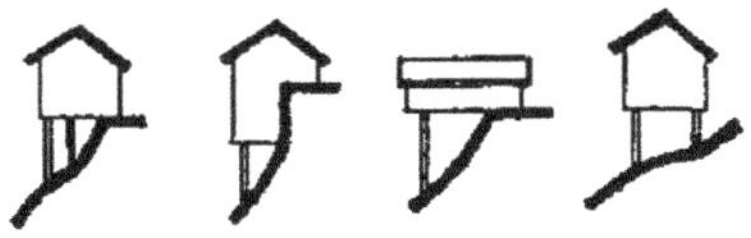 a.沿横轴吊脚 b.掉层吊脚 c.沿纵轴吊脚 d.架空
8.附岩	房屋贴附在岩壁修建，常与吊脚、悬挑等方法配合使用	 a.上爬、下掉 b.下掉、吊脚 c.下掉、悬挑
9.悬挑	利用挑楼、挑台、挑楼梯等来争取建筑空间的方法	 a.悬 b.挑 c.悬挑
10.分层入口	利用地形高差按层分设入口，可使多层房屋出入方便	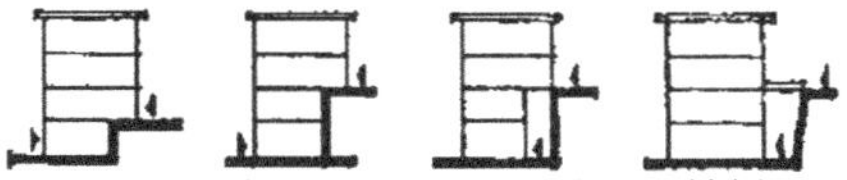 a.分两层双侧入口 b.分两层单侧入口 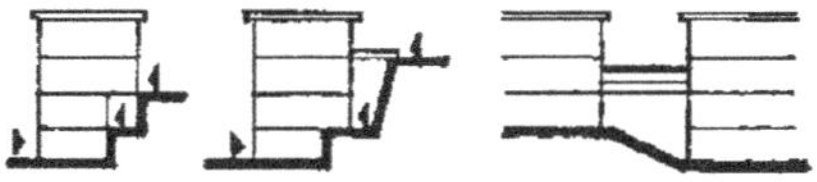 c.分三层双侧入口 d.天桥 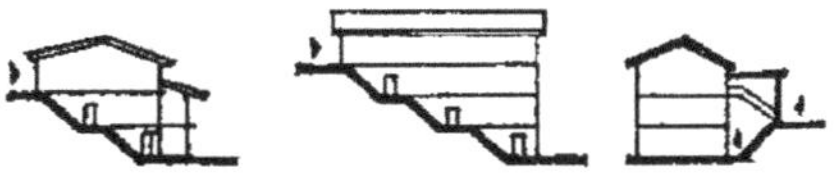 e.利用室外梯道 f.设室外楼梯

3．适应家庭人口结构变化

随着经济与社会的发展、城镇化进程、生活水平的提高以及计划生育政策实施，我国家庭人口结构变化有以下特征需引起住宅选型的密切关注：（1）家庭人口规模小型化，三口之家已经成为社会的核心家庭；（2）社会高龄化，预测下世纪中我国将达到超老龄化社会标准；（3）家庭人口的流动化、孤身家庭增长。相适应的住宅类型可选择社会性较强的公寓式住宅、老人公寓、两代居以及灵活适应性较强的新型结构住宅等。

4．利于节地、节能、节材

住宅的尺度包括进深、面宽、层高，对"三节"具有直接的影响。由几何学可知，圆的内接矩形中以正方形的面积最大，周长最短。因此一般认为一梯两户的住宅单元进深在 11m 以下时每增加 1m，每公顷用地可增加建筑面积约 1000m²，同时因外墙缩短可节约材料和能量，进深在 11m 以上效果则不明显。若将单元拼接成接近方形的楼栋时，更能体现"三节"要求，但进深过大住宅平面布置会出现采光和穿套等问题。住宅的面宽宜紧缩，但过窄使进深相对加大也会产生上述问题。关于住宅的层高，据分析层高每降低 10cm，便能降低造价 1%，节约用地 2%，但必须满足通风、采光要求，同时要顾及居民生活习惯和心理承受。

5．注重提高科技含量

小康型住宅要求运用新材料、新产品、新技术和新工艺（简称"四新"）。住宅选型应考虑新型结构、材料和设备，使住宅具有静态密闭和隔绝（隔声、防水、保温、隔热等）、动态控制变化（温度变化、太阳照射、空气更新等）、生态化自循环（太阳能、风能、雨水利用、废弃物转换消纳等）以及智能化安全防护（防干扰、防盗、防灾等），运用科技进步改善住宅性能，提高居住舒适度。

6．利于规划布置

住宅形式应适应用地条件，协调周边环境，利于组织邻里及社区空间，形成可识别的多样空间环境及良好街景，使整个居住区具有特色风貌。

7．合理确定住宅建筑层数

住宅层数是确定居住区用地规模的直接因素。要确定住宅层数，首先要考虑城市规模和城市规划要求，同时要考虑居住区规划人口数、用地条件、地形地质、周围环境及技术经济条件等，此外还应考虑居住区空间环境及建筑景观规划的需要。从经济角度看，合理提高住宅层数是节约用地的主要手段，但不是层数越高用地越省就越经济。随着层数增高，建筑造价越高，人们心理和生理承受能力减弱，在使用上也带来某些不便。

3.1.2 住宅建筑的类型

在我国，住宅建筑按照层数不同分为：1～3 层为低层住宅，4～6 层为多层住宅，7～9 层为中高层住宅，10 层及 10 层以上为高层住宅。

1．低层花园式住宅的类型

低层住宅有独立式、并联式和联排式几种，层数为 1～3 层。每种类型的住宅每户都占有一块独立的住宅基地。基地的规模根据住宅类型、住宅标准和住宅形式的不同，一般在 250 ～ 500m² 之间，每户都有前院和后院（图3-1）。

（1）独立式住宅——拥有较大的基地，住宅四周均可直接通风和采光，可布置车库。

（2）并联式住宅——为两栋住宅并列建造,住宅有三面可直接通风和采光,可布置车库。基地比独立式花园住宅的基地小。

（3）联排式住宅——为一栋栋住宅相互连接建造，占地规模为最小，每栋住宅占的面宽从 6.5 ～ 13.5m 不等。

低层住宅的组合方式一般有水平组合和垂直组合两种，如图 3-2 所示。

2．多层住宅的类型

多层住宅一般以数户围绕一个楼梯间来划分单元，这样能保证每户有较好的使用条件。为了调整套型方便，单元之间也可咬接。转角单元用于体形转角处，或用于围合院落。单元组合拼接方式常见的有：平直组合、错位组合、转角组合、多向组合（图 3-3）。

多层住宅的平面类型较多，按交通廊的组织可分为梯间式、外廊式、内廊式、跃廊式（图 3-4）；按楼梯间的布局可分为外楼梯、内楼梯、横楼梯、直上式、错层式；按拼联与否可分为拼联式与独立单元式（常称点式）；按天井围合形式可分为天井式、开口天井式、院落式；按剖面组合形式可分为台阶

(a)

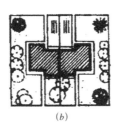

(b)

(c)

图 3-1　低层住宅的类型
(a) 独立式；
(b) 并联式；
(c) 联排式

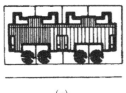

(a)

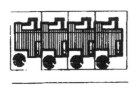

(b)

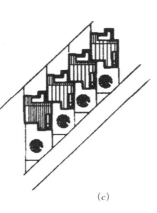

(c)

(d)

图 3-2　低层住宅的组合方式
(a) 水平式组合 1；
(b) 水平式组合 2；
(c) 斜向组合；
(d) 聚合式组合

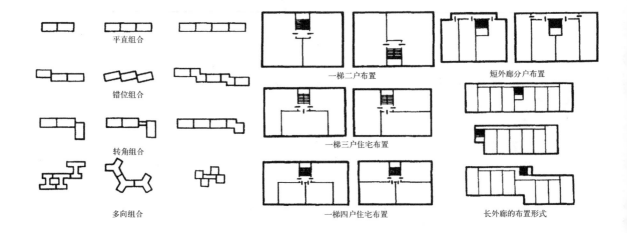

平直组合　　　　　　　　　　　　一梯二户布置　　　　　　　　短外廊分户布置

错位组合

转角组合　　　　　　　　　　　一梯三户住宅布置

多向组合　　　　　　　　　　　一梯四户住宅布置　　　　　长外廊的布置形式

图 3-3　单元组合拼接方式（左）

图 3-4　按交通组织划分的平面类型（右）

式、跃层式、复式、变层高式等。

3. 中高层、高层住宅的类型

与多层住宅不同，高层住宅的平面布局因受垂直交通（电梯）和防火疏散要求的影响较大，其平面类型大致可归纳为以下几种：

（1）单元组合式

以单元组合各户成一栋建筑，单元内各户以电梯、楼梯为核心布置。楼梯与电梯组合在一起或相距不远，以楼梯作为电梯的辅助工具，组成垂直交通枢纽。单元组合式高层住宅的平面形式很多，常见的有矩形、T形、十字形、Y形及Z形等（图3-5）。

（2）长廊式

长廊式高层住宅分为长内廊高层住宅和长外廊高层住宅。长内廊高层住宅各户在内廊两侧布置，可以有效利用通道，使电梯服务户数增多。其类型可分为一字形走道、L形走道、Y形及十字形走道（图3-6）。长外廊高层住宅以外廊作为水平的交通通道，可以增加电梯的服务户数（图3-7）。

（3）塔式住宅

塔式住宅是指平面上两个方向的尺寸比较接近，而高度又远远超过平面尺寸的高层住宅。这种类型住宅是以一组垂直交通枢纽为中心，各户环绕布置，不与其他单元拼接，独立自成一栋。这种住宅的特点是能适应地段小、地形起伏复杂的基地。由于其造型挺拔，易形成对景，若选址恰当，可有效改善城市的天际轮廓线，使街景更为生动。塔式住宅内部空间组织比较紧凑，采光面多，通风好，目前我国许多城市都经常采用（图3-8）。

（4）跃廊式

跃廊式高层住宅每隔一到二层设有公共走道，由于电梯可隔一或二层停靠，从而大大提高了电梯利用率，既节约交通面积，又减少了干扰。对每户面积大、居室多的套型，这种布置方式较有利。

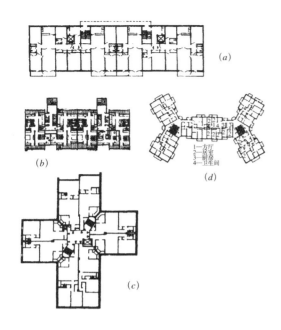

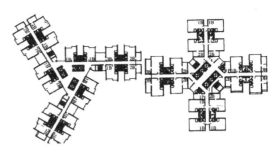

图 3-6 Y 字形、十字形内廊式高层住宅

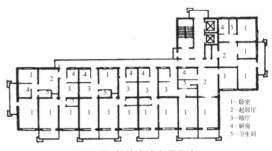

图 3-7 长外廊式高层住宅

图 3-5 单元组合式高层住宅平面图

(a) 矩形；(b) 丁字形；(c) 十字形；(d) Y 字形

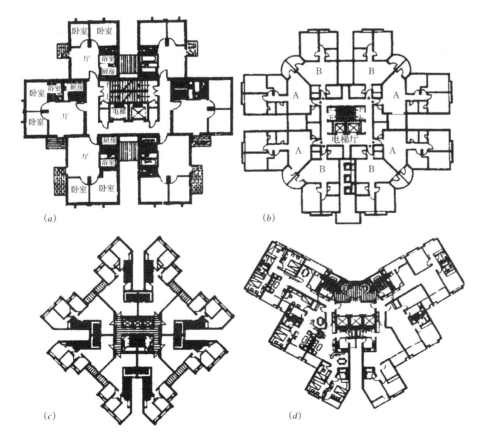

图 3-8 塔式高层住宅
平面形式

(a) 双十字形；

(b) 井字形；

(c) 钻石形；

(d) 蝶形

3.1.3　住宅的合理间距

1．日照标准

住宅室内的日照标准，一般由日照时间和日照质量来衡量。不同季节对日照要求也不同，冬季要求较高，所以日照时间一般以冬至日或大寒日的有效日照时数为标准。住宅日照标准应符合（表3-2）规定；对于特定情况还应符合下列规定：

（1）老年人居住建筑不应低于冬至日日照2小时的标准；

（2）在原设计建筑外增加任何设施不应使相邻住宅原有日照标准降低；

（3）旧区改建的项目内新建住宅日照标准可酌情降低，但不宜低于大寒日日照1小时的标准。

住宅建筑日照标准　　　　　　　　　　　　　　　表3-2

建筑气候区划	I，II，III，VII 气候区		IV气候区		V，VI 气候区
	大城市	中小城市	大城市	中小城市	
日照标准日	大寒日		冬至日		
日照时数（h）	≥2	≥3	≥1		
有效日照时间带（h）	8～16		9～15		
日照时间计算起点	底层窗台面				

注：1.建筑气候区划见P14（教材14页）；
　　2.底层窗台面是指距离室内地坪0.9m高的外墙位置。

2．日照间距

在住宅群体组合中，为保证每户都能获得规定的日照时间和日照质量而要求住宅长轴外墙之间保持一定的距离，即为日照间距。

日照间距的确定是以太阳高度角与方位角为依据求取的。太阳高度角指太阳光线与水平面的交角；太阳方位角即太阳所在的方位，指太阳光线在地平面上的投影与正南方向的夹角（图3-9）。

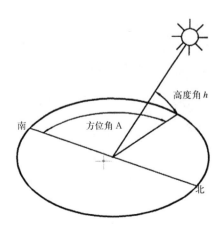

图3-9　太阳高度角与
　　　　方位角

日照间距的计算公式（图3–10）：

$$L=\frac{H}{\tan h}$$

式中：$H=H_1-H_2$ 　　令 $\alpha=\frac{1}{\tan h}$ 　则：$L=\alpha\cdot(H_1-H_2)$

L——标准日照间距（m）；

H——前排建筑屋檐标高至后排建筑底层窗台标高之高差（m）；

H_1——前排建筑屋檐标高（m）；

H_2——后排建筑底层窗台标高（m）；

h——日照标准日太阳高度角；

α——日照标准间距系数。

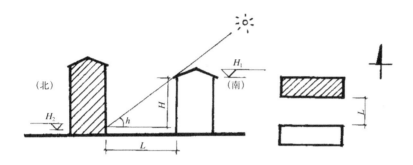

图3–10　日照间距图示

在实际工作中，日照间距一般采用 $H：D$（即前排房屋高度与前后排住宅之间的距离之比）来表示，经常以 $1：x$ 的比值形式出现（表3–3），它表示的是相邻两排建筑间距与前排房屋高度的倍数关系。如前排房屋为六层，高度为18m，要求日照间距是 $1：1.2$，则该相邻建筑的实际距离应是21.6m。下表为我国部分地区按冬至日太阳高度角计算的和实际采用的日照间距。

我国部分地区日照间距采用值　　　　　　　　　　　表3–3

地名	北纬	冬至日太阳高度角	日照间距	
			理论计算	实际采用
济南	36° 41′	29° 52′	1.59H	1.5～1.7H
徐州	34° 19′	32° 14′	1.46H	1.2～1.3H
南京	32° 04′	34° 29′	1.45H	1～1.5H
合肥	31° 53′	34° 40′	1.41H	
上海	31° 12′	35° 21′	1.37H	1.1～1.2H
杭州	30° 20′	36° 13′	1.18H	1H
福州	26° 05′	40° 28′	1.30H	1.2H
南昌	28° 40′	37° 43′	1.38H	1～1.2H
武汉	30° 38′	35° 55′	1.48H	1～1.2H
西安	34° 18′	32° 15′	1.86H	1.6～1.7H
北京	39° 57′	26° 36′	2.02H	1.7H

3．住宅间距

住宅间距包括住宅正面间距和侧面间距。

住宅建筑间距的控制要求不仅仅是保证每家住户能获得基本的日照量和住宅安全要求，同时还要考虑一些户外场地的日照需要，以及由于视线干扰引起的私密性保证问题。

（1）住宅正面间距

住宅正面间距不得小于规定的日照间距。不同方位的日照间距折减值以日照时数为标准，按不同方位布置的住宅折算成不同日照间距，可采用表3—4中不同方位间距折减系数换算（图3—11）。精确的日照间距和复杂的建筑布局形式需以计算机模拟日照分析结果为依据最终确定。

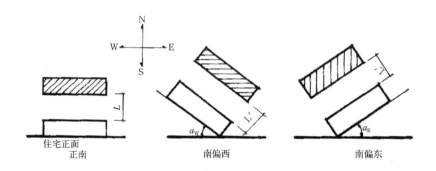

图3—11 不同方位日照间距关系

$$L' = b \cdot L$$

式中　L'——不同方位住宅日照间距（m）；

　　　L——正南向住宅日照间距（m）；

　　　b——不同方位日照间距折减系数（查表3—4）。

不同方位间距折减系数　　　　　　　　　　表3—4

方位	0°～15°	15°～30°	30°～45°	45°～60°	>60°
折减值	1.00L	0.90L	0.80L	0.90L	0.95L

注：1. 表中方位为正南向（0°）偏东、偏西的方位角。

　　2. L为当地正南向住宅的标准日照间距（m）。

　　3. 本表指标仅适用于无其他日照遮挡的平行布置条式住宅之间。

（2）住宅侧面间距

住宅侧向间距应按照消防满足最小防火间距要求。条式住宅，多层之间不宜小于6m；高层与低层、多层住宅之间不宜小于9m；高层与高层住宅之间不宜小于13m；高层塔式宅、多层和中高层点式住宅与侧面有窗的各种层数住宅之间应考虑视觉卫生因素，不宜小于18m（图3—12）。

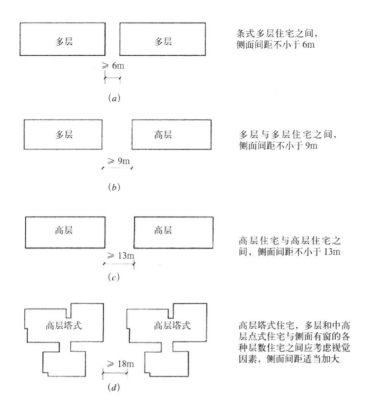

条式多层住宅之间，
侧面间距不小于6m

≥ 6m

(a)

多层与多层住宅之间，
侧面间距不小于9m

≥ 9m

(b)

高层住宅与高层住宅之
间，侧面间距不小于13m

≥ 13m

(c)

高层塔式住宅，多层和中高
层点式住宅与侧面有窗的各
种层数住宅之间应考虑视觉
因素，侧面间距适当加大

≥ 18m

(d)

图 3-12　住宅侧向间距

3.1.4　日照分析软件介绍

日照间距系数是一个非常不全面的设计依据，随着计算机的普及，计算方法已经改进为计算机日照分析。

目前常用的日照分析软件有天正日照分析软件、众智日照分析软件、鸿业日照分析软件和清华日照分析软件等。

1. 日照分析软件的特点

这些日照分析计算软件共同的特点是依照国家有关法规、规范，提供了日照建模、单点分析、多点分析、窗户分析、阴影分析、等时线分析、三维分析以及生成日照分析报告等多种功能，全面解决了各种日照分析问题。

（1）标准灵活：轻松设定日照标准，预设主要城市标准模板，选择城市名称自动获取经纬度，从结果标注可反查计算标准。

（2）建模简单：建筑建模简单，可以输入建筑底面相对高度，支持窗户、阳台，平／坡屋顶绘制，其他软件生成的模型可以直接转换。

（3）拟建分析：拟建建筑位置确定情况下，推算建筑单元高度；高度确定情况下，推算建筑位置或转动角度，为建筑方案设计提供依据。

（4）专业报表：多种日照分析表格（窗日照分析表、单点分析表、窗日照对比分表），可以导出完整的日照分析报告。

（5）三维分析：通过离散点、等高线、特征线、建筑基底线，快速建立三维地表模型，只需输入相对地面高度，分析点标高自动计算。

2．日照分析图

（1）日照平面区域分析图（多点分析）（图3-13）

区域分析：分析一个或多个平面区域内的各点的日照，分析的平面区域可以是矩形区域、任意多边形区域和已有闭合区域，并将计算结果数值直观显示在各点上。（轮廓线是建筑、密密麻麻标注的是多点的日照时数）

（2）单点日照分析图（图3-14）

自动计算单体建筑或群体建筑区域任意一点的日照时间，并在图上标注出单点位置及编号，还可生成单点分析结果统计报表。当鼠标移到分析点上时，自动显示该点的日照情况。

图3-13 日照区域多点分析（左）

图3-14 单点日照分析图（右）

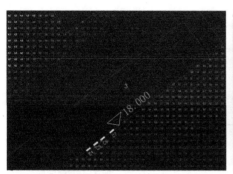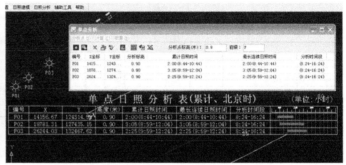

（3）沿线日照分析图（图3-15）

根据日照标准的规定对建筑轮廓线上的采样点进行日照时间计算，并标注各采样点的日照时间。分析线可以选择已有建筑轮廓线，也可以绘制分析线，绘制分析线时可以通过参照点或参照线进行精确定位。如果分析线在建筑物内部，日照分析时在建筑物内部的那部分分析线，软件不进行日照分析。分析完成后，各个分析点的日照时间自动在图中标注出来。

（4）平面等时线日照分析图（图3-16）

在建筑群区域范围内平面上绘制出日照时间相等的连线。

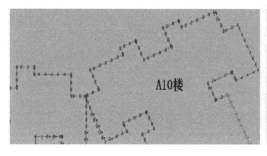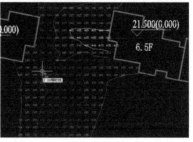

图3-15 建筑轮廓线上的采样点进行日照时间计算（左）

图3-16 平面等时线日照分析图（右）

（5）建筑物表面日照分析（建筑墙立面日照分析图）（图3-17、图3-18）

（6）建筑窗户多点日照分析图（图3-19）

（7）方案调整——日照圆锥面分析图（图3-20）

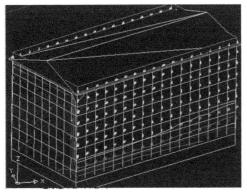
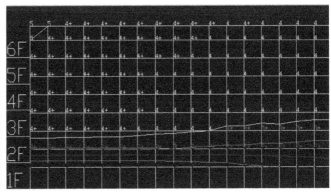

图 3-17 建筑物表面、墙面区域日照分析图（左）

图 3-18 建筑物墙立面区域日照分析（右）

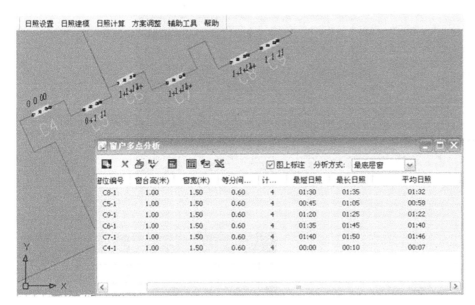

部位编号	窗台高(米)	窗宽(米)	等分间...	计...	最短日照	最长日照	平均日照
C8-1	1.00	1.50	0.60	4	01:30	01:35	01:32
C5-1	1.00	1.50	0.60	4	00:45	01:05	00:58
C9-1	1.00	1.50	0.60	4	01:20	01:25	01:22
C6-1	1.00	1.50	0.60	4	01:35	01:45	01:40
C7-1	1.00	1.50	0.60	4	01:40	01:50	01:46
C4-1	1.00	1.50	0.60	4	00:00	00:10	00:07

图 3-19 建筑窗户多点日照分析图

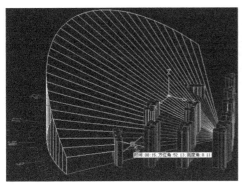
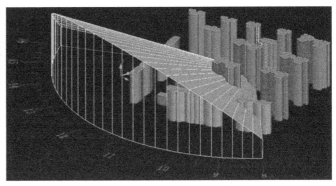

日照圆锥面分析功能：太阳光线对指定分析点全天运行的圆锥轨迹，能集中反映出该点的日照情况，快速判定遮挡源，便于日照方案调整；在日照圆锥面上，紫色线区域为遮挡区域，黄色线区域为阳光通道区域，可直观地观察日照和遮挡的时刻和时间段。

图 3-20 日照圆锥面分析图

(8) 窗户日照对比分析（图3-21）

绘制窗沿线分析立面日照图功能：在拟建建筑位置和高度已经确定的情况下，分析现有建筑上的窗户在拟建建筑建设前和建设后的日照对比情况，包括在立面图上标注窗分析点日照时数和绘制多种对比结果的色带。分析结果可汇总为直观表格，供规划主管部门审批。

(9) 空间阴影分析图（图3-22、图3-23）

分析参与计算的建筑在某一时刻产生的平面阴影和立面阴影情况。

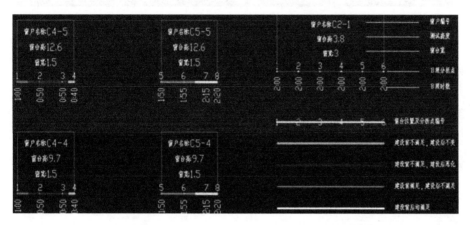

图3-21 窗日照对比
立面图

图3-22 空间阴影日照
分析图（下左）
图3-23 三维地形场地
建筑日照采光
分析图（下右）

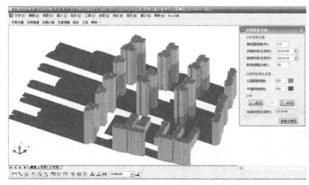 

3.2 住宅群体的规划布置

住宅的规划布置应建立在建筑群体组合的基础上，与居住区总的规划结构结合。

3.2.1 住宅群体平面组合

住宅组群平面组合的基本形式有四种：行列式、周边式、自由式和混合式。

1. 行列式

住宅按一定朝向和间距成排布置的形式。该形式日照和通风条件良好，便于布置道路、管网，方便工业化施工。整齐的住宅排列在平面构图上有强烈的规律性，但形成的空间往往单调呆板。为了避免以上缺点，规划布置时常采用山墙错落、单元错接以及矮墙分隔等方式（表 3-5）。

行列式布置 表3-5

布置手法		实例
基本形式	a.前后交错	我国×市龙潭小区住宅组　　我国×市翠足小区
1.山墙错落	b.左右交错	我国×市石油化工厂居住区住宅组
	c.左右前后交错	我国×市曹杨新村居住区曹杨一村住宅组
2.单元错开拼接	a.不等长拼接	我国×市天钥龙山新村居住区住宅组　　我国×市川府新村田川里
	b.等长拼接	我国×市渡口向阳村住宅组　　我国×市焦作凤凰小区住宅组
3.成组改变朝向		我国×市梅山钢铁厂居住区住宅组
4.扇形、直线形		德国汉堡荷纳堪普居住区住宅组

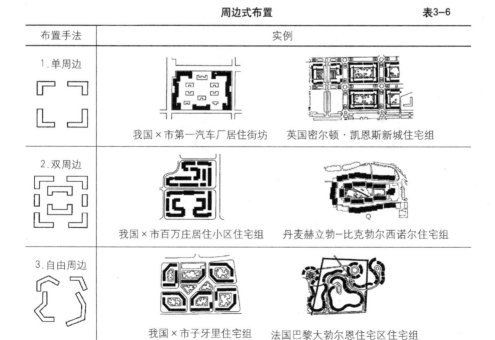

续表

布置手法	实例
5.曲线形	我国×市白沙岭居住区住宅组　瑞典斯德哥尔魔法尔斯塔住宅组
6.折线形	我国×市红梅西村住宅组

2. 周边式

住宅沿街坊或院落周边布置，形成封闭或半封闭的内院空间，院内安静、安全、方便、有利于布置室外活动场地、小块公共绿地和小型公建等居民交往场所，一般比较适合于寒冷多风沙地区。主要有单周边、双周边、自由周边等布置手法（表3-6）。

周边式布置　　　　　　　　　　　　表3-6

布置手法	实例
1.单周边	我国×市第一汽车厂居住街坊　英国密尔顿·凯恩斯新城住宅组
2.双周边	我国×市百万庄居住小区住宅组　丹麦赫立勒-比克勒尔西诺尔住宅组
3.自由周边	我国×市子牙里住宅组　法国巴黎大勃尔恩住宅区住宅组

3. 混合式

是指住宅布局采用周边式、行列式两种基本形式的结合或变形的组合形式。住宅布局经常以行列式为主,以少量住宅或公建沿道路或院落周边布置 (表3-7)。

混合式布置 表3-7

布置手法	实例
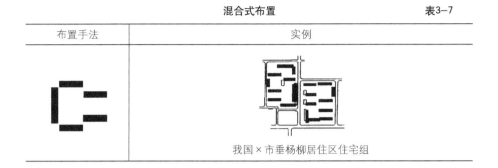	我国×市垂杨柳居住区住宅组

4. 自由式

建筑结合地形,在照顾日照、通风等要求的前提下,成组自由灵活的布置。自由式住宅平面组合主要有散立平面组合、曲线形平面组合、曲尺形平面组合、点群式平面组合等布置手法。此类手法能较好利用现状地形,减少土石方量,同时形成活泼、自由、富于变化的空间形式 (表3-8)。

自由式布置 表3-8

布置手法	实例
1.散立	我国×市华一坡住宅组
2.曲线形	法国博比恩小区住宅组
3.曲尺形	瑞典斯德哥尔摩涅布霍夫居住区的一个小区
4.点群式	我国×行政区穗禾苑住宅组 巴黎勃菲兹芳泰乃·奥克斯露斯小区

3.2.2 住宅群体空间组合

1. 住宅群体空间组合形式

住宅群体空间组合形式主要有两种,分别为成组成团、成街成坊 (表3-9)。

(1) 成组成团

这种组合方式是由一定规模和数量的住宅成组成团的组合,构成居住区或居住小区的基本组合单元,其规模受建筑层数、公建配置方式、自然地形、现状条件及新村管理等因素的影响,一般为1000～2000人,较大的可达3000人左右。住宅组团可由同一类型、同一层数或不同类型、不同层数的住宅组合而成。

(2) 成街成坊

成街的组合方式是住宅沿街组成带形的空间,成坊的组合方式是住宅以街坊作为一个整体的布置方式,有时既成街又成坊。

住宅群体空间组合形式   表3-9

组合方式		实例
成组成团	同一类型同一层数或不同层数的住宅组合	 法国日海得拉封特拉住宅组 (19层)　我国×市碧波居住住宅组 (6层)
	不同类型、不同层数的住宅组合	 我国×市康乐小区住宅组多层住宅　我国×市翠微小区住宅组多、高层住宅
成街成坊		 莫斯科齐辽稷仆卡 (5～9层)　我国×市大安国宅街坊 (9层)

2. 住宅群体空间构成方法

(1) 对比

指物体的差别,如大与小、高与低、长与短、宽与窄、硬与软、虚与实、色彩的冷与暖或明与暗对比等。对比的手法是建筑群体空间构图的一个重要手段,通过对比可丰富建筑群体景观,打破单调、呆板的感觉 (表3-10)。

空间对比的手法 表3-10

空间构成方法	举例、图示
a.变化建筑高度	
b.变化建筑类型	
c.变化空间形状	
d.变化空间大小	
e.变化空间围闭程度	

(2) 节奏与韵律

指同一形体有规律的重复和交替使用所产生的空间效果。产生韵律和节奏的构成方法常用于沿街或河流线状布置的建筑群的空间组合（图3-24）。

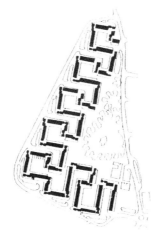

图3-24 英国萨里波特
拉特山切里小
区住宅组

3.2.3 住宅群体组合与朝向、通风和噪声防治

1. 住宅朝向

住宅的朝向与日照时间、太阳辐射强度、常年主导风向及地形等因素有关，通过综合考虑上述因素，可以为每个城市确定建筑的适宜朝向范围。表 3—11 为全国部分地区建议建筑朝向表。

朝向选择需要考虑的因素主要有：冬季能有适量并具有一定质量的阳光射入室内；炎热季节尽量减少太阳直射室内和居室外墙面；夏季有良好的通风，冬季避免冷风吹袭；充分利用地形，节约用地。

全国部分地区建议建筑朝向表　　　　　　表3—11

地区	最佳朝向	适宜朝向	不宜朝向
北京地区	正南至南偏东30°以内	南偏东45°以内、南偏西35°以内	北偏西30°～60°
上海地区	正南至南偏东15°	南偏东30°、南偏西15°	北、西北
石家庄地区	南偏东15°	南至南偏东30°	西
太原地区	南偏东15°	南偏东至东	西北
呼和浩特地区	南至南偏东，南至南偏西	东南、西南	北、西北
哈尔滨地区	南偏东15°～20°	南至南偏东15°、南至南偏西15°	西北、北
长春地区	南偏东30°、南偏西10°	南偏东45°、南偏西45°	西北、北、东北
沈阳地区	南、南偏东20°	南偏东至东、南偏西至西	北东北至北西北
济南地区	南、南偏东10°～15°	南偏东30°	西偏北5°～10°
南京地区	南、南偏东15°	南偏东25°、南偏西10°	西、北
广州地区	南偏东15°、南偏西5°	南偏东22°～30°、南偏西5°至西	
重庆地区	南、南偏东10°	南偏东15°、南偏西5°	东、西

2. 通风、防风

提高住宅群体的自然通风效果的规划设计措施主要是妥善安排城市和居住区的规划布局，进行建筑群体的不同组合，充分利用地形和绿化等条件。

(1) 规划居住区的位置应选择良好的地形和环境。在住区内部，可通过道路、绿地、河湖水面等空间，将风引入，并使其与夏季的主导风向相一致。

(2) 建筑组合采用错位相设，与风向成角度的组合形式，可以提高通风效果。

(3) 利用成片成丛的绿化可以阻挡或引导气流，改变建筑环境气流流动状况。

在Ⅰ、Ⅱ、Ⅵ、Ⅶ建筑气候区，主要应利于住宅冬季的日照、防寒、保温与防风沙的侵袭；在Ⅲ、Ⅳ建筑气候区，主要应考虑住宅夏季防热和组织自然通风、导风入室的要求。

在丘陵和山区，除考虑住宅布置与主导风向的关系外，尚应重视因地形变化而产生的地方风对住宅建筑防寒、保温或自然通风的影响（图3-25）。

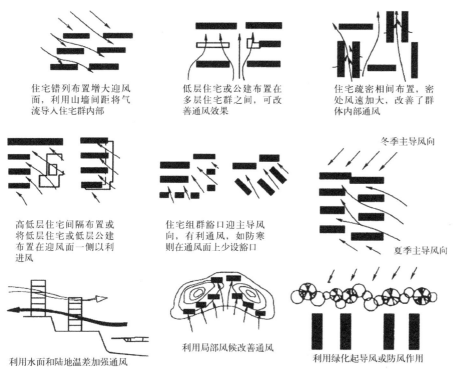

住宅错列布置增大迎风面，利用山墙间距将气流导入住宅群内部

低层住宅或公建布置在多层住宅群之间，可改善通风效果

住宅疏密相间布置，密处风速加大，改善了群体内部通风

高低层住宅间隔布置或将低层住宅或低层公建布置在迎风面一侧以利进风

住宅组群豁口迎主导风向，有利通风，如防寒则在通风面上少设豁口

冬季主导风向
夏季主导风向

利用水面和陆地温差加强通风

利用局部风候改善通风

利用绿化起导风或防风作用

图3-25 住宅群体通风和防风措施

建筑组群的自然通风与建筑的间距大小、排列方式以及通风的方向（即风向对组群入射角大小）等有关。建筑间距越大，自然通风效果越好，但为了节约城市用地，房屋间距不可能很大，一般在满足日照的要求下考虑通风的需要。为了提高通风效果，住宅需要选择合适的朝向，在夏季迎主导风向，保证风路畅通。

3. 噪声防治

影响居住区生活的噪声包括三个方面：道路交通噪声、邻近工业区的噪声和人群活动噪声。

住宅区噪声防治，主要有合理组织城市交通，明确各级道路分工，减少过境车辆穿越居住区、居住小区和居住区住宅组团的机会；控制噪声源和削弱噪声的传递，居住区中一些主要噪声源在满足使用要求的前提下，应与住宅组群有一定的距离和间距，尽量减少噪声对住宅的影响，同时还可以充分利用天然的地形屏障、绿化带等来削弱噪声的传递，降低影响住宅的噪声级（图3-26）。

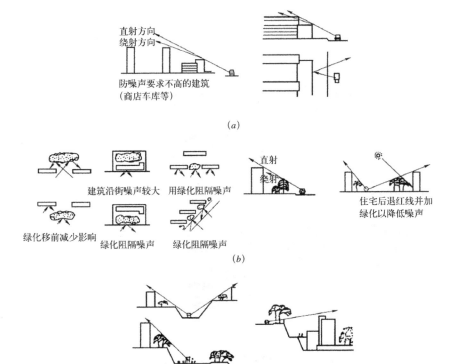

图 3-26 规划设计中住
宅群体噪声防
治措施
(a) 利用临街建筑防治噪声；
(b) 利用绿化防治噪声；
(c) 利用地形防治噪声

3.2.4 住宅群体组合与节约用地

(1) 空间的综合利用

空间综合利用的方法很多，表3-12中列举几种方法供参考。

空间的综合利用   表3-12

空间综合利用的方法	举例、图示
a.住宅低层布置公共建筑	我国×市川府新村
b.住宅与低层公建组合	外接式　　　　插入式

続表

空间综合利用的方法	举例、图示
c.借用道路、场地和河流等空间	建筑沿道路布置
d.将性质上可以组合在一起的公共服务设施综合布置在一幢或几幢综合楼内	1 三层综合服务楼；2 菜场；3 街道加工组

(2) 采用高架平台、过街楼或利用地下空间；

(3) 采用连体住宅；

(4) 适当增加住宅拼接长度，可减少住宅山墙之间的间距；

(5) 采用周边布置手法；

(6) 不同层数住宅的混合布置。

图 3-27 所示为住宅群体组合与节约用地的一些实例。

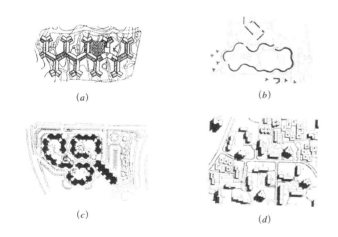

图 3-27 住宅群体组合与节约用地

(a) 采用连体住宅；

(b) 适当增加住宅拼接长度，可减少住宅山墙之间的间距；

(c) 采用周边布置手法；

(d) 不同层数住宅的混合布置

3.3 住宅周边的环境组织

住宅周边的环境组织主要指对住宅建筑以外的开敞空间的设计，在这里主要指的是对宅旁绿地的规划设计。宅旁绿地是住宅内部空间的延续和补充，它虽不像公共绿地那样具有较强的娱乐、游赏功能，但却与居民日常生活起居息息相关。结合绿地可开展各种家务活动，儿童林间嬉戏、邻里联谊交往，密切了人际关系，具有浓厚的传统生活气息。

3.3.1 宅旁绿地面积计算

按照《城市居住区规划设计规范》GB 50180—93（2002 版），宅旁绿地属于住宅用地的范围，宅旁（宅间）绿地面积计算的起止界为：绿地边界对宅间道路、组团路和小区路算到路边，当小区路设有人行便道时算到便道边，沿居住区路、城市道路则算到红线；距房屋墙1.5m；对其他围墙、院墙算到墙脚（图3-28）。

3.3.2 宅旁绿地的分类

如图 3-29 所示，共分为三类。

（1）近宅空间：一为底层住宅小院和楼层住户阳台、屋顶花园等；另一部分为单元门前用地包括单元入口、入户小路等，前者为用户领域，后者属单元领域。

（2）庭院空间：包括庭院绿化、各活动场地及宅旁小路等，属宅群或楼栋领域。

（3）余留空间：是上述两项用地领域外的边角余地，大多是住宅群体组合中领域模糊的消极空间。

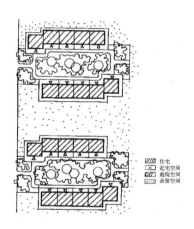

图 3-28 宅旁绿地面积计算起止界示意图(左)
图 3-29 宅旁绿地分类示意图(右)

3.3.3 空间环境组织

1. 近宅空间环境组织

规划设计中适当扩大使用面积，作一定围合处理，如作绿篱、短墙、花坛、座椅、铺地等，自然适应居民日常行为，使这里成为主要由本单元使用的单元领域空间。至于底层住户小院、楼层住户阳台、屋顶花园等属住户私有，除提供建筑及竖向绿化条件外，具体布置可由住户自行安排，也可提供参考设计（图3-30）。

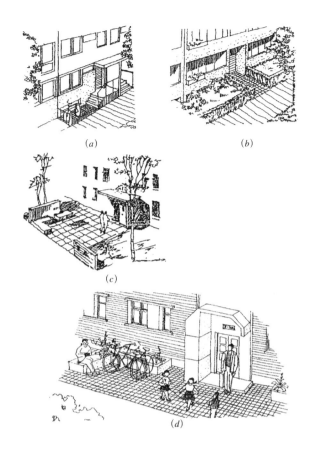

图 3-30 近宅空间环境的几种处理形式
(a) 基础型近宅空间;
(b) 绿篱围合的观赏型近宅空间;
(c) 设置绿篱、短墙、硬铺地的半开敞型近宅空间;
(d) 设置花坛、硬铺地的开敞型近宅空间

2．庭院空间环境组织

宅间庭院空间组织主要是结合各种生活活动场地进行绿化配置，并注意各种环境功能设施的应用与美化（图 3-31、图 3-32）。

(1) 场地布设

1）动区与静区——动区主要指游戏、活动场地；静区则为休息、交往等区域。动区中的成人活动如早操、练太极拳等，动而不闹，可与静区贴邻合一；儿童游戏则动而吵闹，可在宅端山墙空地、单元入口附近或成人视线所及的中心地带设置。

2）向阳区与背阳区——儿童游戏、老人休息、衣物晾晒以及小型活动场地，一般都应置于向阳区。背阳区一般不宜布置活动场地，但在南方炎夏则是消暑纳凉佳处。

3）显露区与隐蔽区——住宅临窗外侧、底层杂务院、垃圾箱等部位，都应隐蔽处理，以护观瞻和私密性要求；单元入口、主要观赏点、标志物等则应显露无遗，以利识别和观赏。

(2) 植物布设

植物是组织和塑造自然空间的有生命的建筑材料．构成外部空间的顶棚、墙壁、地面，使人工建筑空间走向大自然与大自然融为一体。"乔木"是庭院空间的骨干因素，形成空间构架；"灌木"是协调因素，适于空间围合；"花卉"

是活跃因素，用以点缀装饰；"草皮"是背景因素，用以铺垫衬托；"藤蔓"是覆盖因素，用于攀附和垂直绿化。植物构建宅间和景观的功能应有尽有。宅间庭院空间运用植物加以限定和组织，可丰富空间层次，增强空间变化，形成不同的空间品质，使有限的宅间庭院空间小中见大。

（3）庭院小筑（景观小品）

包括建筑部件小品：如单元入口、室外楼梯、平台、连廊、过街楼、雨篷等；室外工程设施小品：如天桥、室外台阶、挡土墙、护坡、围墙、出入口、栏杆等；公用设施小品：如垃圾箱、灯柱、灯具、路障、路标等；活动设施小品：如儿童游戏器具、桌椅等。

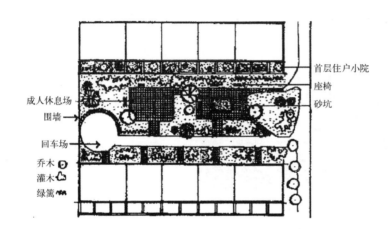

图 3-31 庭院绿地布置示意图

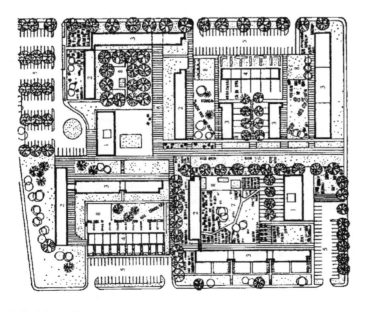

图 3-32 加拿大温哥华马可林公园住宅群的庭院设计

1—14 层住宅；
2—4 层住宅；
3—3 层住宅；
4—2 层住宅；
5—停车场；
6—铺地；
7—草坪；
8—儿童游戏场

3. 余留空间环境

应尽量避免消极空间的出现，在不可避免的情况下要设法化消极空间为积极空间，主要是发掘其潜力进行利用，注入恰当的积极因素，如可将背对背的住宅底层作为儿童、老人活动室，其外部消极空间立即可活跃起来，也可在底层设车库、居委会管理服务机构；在住宅和围墙或住宅和道路的间距内作停车场；在沿道路的住宅山墙内可设垃圾集中转运点，近内部庭院的住宅山墙内可设儿童游戏场、青少年活动场；靠近道路的零星地可设置小型分散的市政公用设施，如配电站、调压站等（图3-33）。

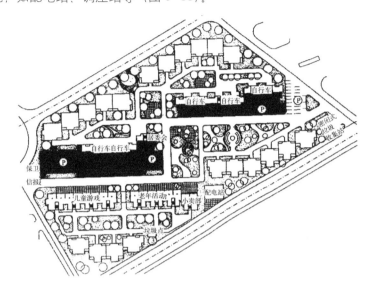

图3-33 我国×市穆湖小区边角余留地的利用

本教学单元小结

本单元介绍了居住区住宅用地的规划设计，主要从三方面讲解，分别是住宅的选型与布置、住宅群体的规划布置、住宅周边的环境组织。其中重点介绍了住宅的类型、日照间距、住宅群体的组合。

课后思考

1. 日照间距。
2. 简述住宅建筑选型的要点。
3. 简述影响住宅建筑布置的因素。
4. 住宅群体组合及空间布局。
5. 住宅群体组合实例解析。

4

教学单元4　居住区公建用地规划设计

教学目标

掌握公共服务设施的分类分级、公共服务设施的规划布置；熟悉公共服务设施的定额指标、公共服务设施的布置原则、中小学校幼托的规划布置。

居住区中公共服务设施用地包括各类公共建筑及其专用的道路场地、绿化及小品等内容构成，其公共建筑是构成的主体。公共服务设施不仅与居民的生活密切相关，并体现居住区的面貌和社区精神，在经济效益方面也起着重要的作用。

4.1 公共服务设施的分类、分级及定额指标

4.1.1 公共服务设施的分类

公共服务设施也称配套公建，分为教育、医疗卫生、文化体育、商业服务、金融邮电、社区服务、市政公用和行政管理及其他八类。

居住区公共服务设施的配建，主要反映在配建的项目和面积指标两个方面。

公共服务设施的布局合理与否是居住区规划的重要内容，合理的服务半径与布局既方便居民生活又有利于综合经营和节约用地。

1. 按功能性质分类

居住区公共服务设施（也称配套公建），应包括：教育、医疗卫生、文化体育、商业服务、金融邮电、社区服务、市政公用和行政管理及其他八类设施（图4-1）。

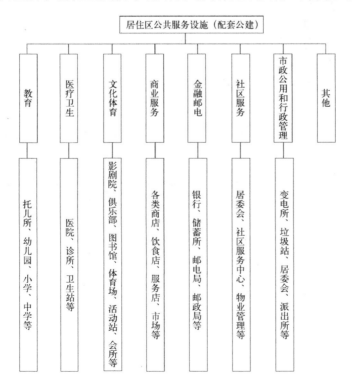

图4-1 公共服务设施按功能性质分类

2．按使用频率分类

居住区公共服务设施按使用频率可分为两类，即居民每日或经常使用的公共设施和必要而非经常使用的公共设施两类。前者主要指少年儿童教育设施和满足居民小商品日常性购买的小商店，要求近便、宜分散设置。后者主要满足居民周期性、间歇性的生活必需品和耐用商品的消费，以及居民对一般生活所需的修理、服务的需求，要求项目齐全统一、有选择性，宜集中设置，以方便居民选购（图4-2）。

3．按配建层次分类

以公共设施的不同规模和项目区分不同配建水平层次，可分为三类。即基层生活公共服务设施（以1000～3000人的人口规模为基础），应配建综合服务站、综合基层站、综合基层店、早点小吃、卫生站等；基本生活公共服务设施（以1万～1.5万人的人口规模为基础），应配建托幼、学校、综合商业服务、文化活动站、社区服务等；整套完善的生活公共服务设施（以3～5万人的人口规模为基础），应配建综合商业服务、文化活动中心、门诊所等（图4-3）。

图4-2 公共服务设施按使用频率分类（左）

图4-3 公共服务设施按配建层次分类（右）

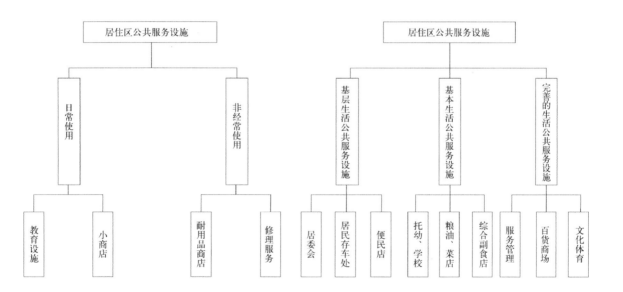

4.1.2 公共服务设施的分级

居住区配套公建的配建水平，主要是考虑居民在物质与文化生活方面的多层次需要，以及公建项目对自身经营管理的要求，即配建项目和面积与其服务的人口规模相对应。居住区公共服务设施项目实行分级配建控制（表4-1），既能方便居民使用，又能发挥项目最大的经济效益。配套公建项目不配或配置不全会给居民生活带来不便，建设晚了同样也会给居民造成生活困难，所以，要求居住区配套公建应与住宅同步规划、同步建设和同时投入使用。

居住区公共服务设施分级配建表 表4-1

类别	项目	居住区	小区	组团
教育	托儿所	—	▲①	△①
	幼儿园	—	▲	—
	小学	—	▲	—
	中学	▲	—	—
医疗卫生	医院（200～300床）	▲	—	—
	门诊所	▲	—	—
	卫生站	—	▲	—
	护理院	△	—	—
文化体育	文化活动中心（含青少年活动中心，老年活动中心）	▲	—	—
	文化活动站（含青少年老年活动站）	—	▲	—
	居民运动场、馆	△	—	—
	居民健身设施（含老年户外活动场地）	—	▲	△
商业服务	综合食品店	▲	▲	—
	综合百货店	▲	▲	—
	餐饮	▲	▲	—
	中西药店	▲	△	—
	书店	▲	△	—
	市场	▲	△	—
	便民店	—	—	▲
	其他第三产业设施	▲	▲	—
金融邮电	银行	△	—	—
	储蓄所	—	▲	—
	电信支局	△	—	—
	邮电所	—	▲	—
社区服务	社区服务中心（含老年人服务中心）	—	▲	—
	养老院	△	—	—
	托老所	—	△①	—
	残疾人托养中心	△	—	—
	治安联防站	—	—	▲
	居（里）委会（社区用房）	—	—	▲
	物业管理	—	▲	—
市政公用和行政管理	供热站或热交换站	△	△	△
	变电室	—	▲	△
	开闭所	▲	—	—
	路灯配电室	—	▲	—

类别	项目	居住区	小区	组团
市政公用和行政管理	燃气调压站	△	△	—
	高压水泵房	—	—	△
	公共厕所	▲	▲	△
	垃圾转运站	△	△	
	垃圾收集点	—	—	▲
	居民存车处			▲
	居民停车场、库	△	△	△
	公交始末站	△	△	—
	消防站	△		
	燃料供应站	△	△	—
行政管理及其他	街道办事处	▲		
	市政管理机构（所）	▲	—	
	派出所	▲		
	其他管理用房	▲	△	—
	防空地下室	△②	△②	△②

注：①▲为应配建的项目；△为宜设置的项目；

②在国家确定的一、二类人防重点城市，应按人防有关规定配建防空地下室。

4.1.3 公共服务设施的配建指标

居住区配套公建的项目，应符合表4-1规定。配建指标，应以表4-2规定的千人总指标和分类指标控制。

千人指标指居住区内每千居民拥有的各项公共服务设施的建筑面积和用地面积标准，居住区配套公共服务设施（配建指标）以千人总指标和分类指标控制。通过总指标，可根据不同人口规模估算出需配建的公共服务设施总面积和总用地。

当规划用地内的居住人口规模界于组团和小区之间或小区和居住区之间时，除配建下一级应配建的项目外，还应根据所增人数及规划用地周围的设施条件，增配高一级的有关项目及增加有关指标。居住区的公共服务设施可根据现状条件及居住区周围现有的设施情况以及本地区的特点在配建水平上相应增减，但不应少于与其居住人口规模相对应的应配建项目与千人总指标。

各类公建设施的具体项目的面积确定，一般应以其经济合理的规模进行配建，根据各公建项目的自身专业特点要求，可参考有关建筑设计手册。现行国家规范《城市居住区规划设计规范》GB 50180—93（2002版）的"公共服务设施各项目的设置规定"（表4-3）中列了各公建项目的一般规模，这是根据各项目自身经营管理及经济合理性决定的，可供有关项目独立配建时参考。

公共服务设施控制指标（m²/千人） 表4-2

居住规模		居 住 区		小 区		组 团	
类 别		建筑面积	用地面积	建筑面积	用地面积	建筑面积	用地面积
总 指 标		1668~3293	2172~5559	968~2397	1097~3835	362~856	488~1058
		(2228~4213)	(2762~6329)	(1338~2977)	(1491~4585)	(703~1356)	(868~1578)
其中	教育	600~1200	1000~2400	330~1200	700~2400	160~400	300~500
	医疗卫生（含医院）	78~198	138~378	38~98	78~228	6~20	12~40
		(178~398)	(298~548)				
	文体	125~245	225~645	45~75	65~105	18~24	40~60
	商业服务	700~910	700~910	450~570	100~600	150~370	100~400
	社区服务	59~464	76~668	59~292	76~328	19~32	16~28
	金融邮电（含银行、邮电局）	20~30	25~50	16~22	22~34	—	—
		(60~80)					
	市政公用（含居民存车处）	40~150	70~360	30~120	50~80	9~10	20~30
		(460~820)	(500~960)	(400~700)	(450~700)	(350~510)	(400~550)
	行政管理及其他	46~96	37~72	—	—	—	—

注：1. 居住区级指标含小区和组团级指标，小区含组团级指标；
2. 公共服务设施总用地的控制指标应符合表4-2的规定；
3. 总指标未含其他类，使用时应根据规划设计要求确定本类面积指标；
4. 小区医疗卫生类未含门诊所；
5. 市政公用类未含锅炉房，在采暖地区应自选确定。

公共服务设施各项目的设置规定 表4-3

设施名称	项目名称	服务内容	设 置 规 定	每一处规模	
				建筑面积（m²）	用地面积（m²）
教育	托儿所	保教小于3周岁儿童	(1) 设于阳光充足，接近公共绿地，便于家长接送的地段； (2) 托儿所每班按25座计；幼儿园每班按30座计； (3) 服务半径不宜大于300m，层数不宜高于3层； (4) 三班和三班以下的托、幼所，可混合设置，也可附设于其他建筑，但应有独立院落和出入口，四班和四班以上的托、幼园所均应独立设置； (5) 八班和八班以上的托、幼园所，其用地应分别按每座不小于7m²或9m²计； (6) 托、幼建筑宜布置于可挡寒风的建筑物的背风面，但其主要房间应满足冬至日不小于2h的日照标准； (7) 活动场地应有不少于1/2的活动面积在标准的建筑日照阴影线之外	—	4班≥1200 6班≥1400 8班≥1600
	幼儿园	保教学龄前儿童		—	4班≥1500 6班≥2000 8班≥2400

设施名称	项目名称	服务内容	设 置 规 定	每一处规模	
				建筑面积 (m²)	用地面积 (m²)
教育	小学	6～12周岁儿童入学	(1) 学生上下学穿越城市道路时，应有相应的安全措施； (2) 服务半径不宜大于500m； (3) 教学楼应满足冬至日不小于2h的日照标准	—	12班≥6000 18班≥7000 24班≥8000
	中学	12～18周岁青少年入学	(1) 在拥有3所以上中学的居住区或居住地内，应一所设置400m环形跑道的运动场； (2) 服务半径不宜大于1000m； (3) 教学楼应满足冬至日不小于2h的日照标准	—	18班≥11000 24班≥12000 30班≥14000
医疗卫生	医院	含社区卫生服务中心	(1) 宜设于交通方便，环境较安静地段； (2) 10万人左右则应设一所300～400床医院； (3) 病房楼应满足冬至日不小于2h的日照标准	12000～18000	15000～25000
	门诊所	含社区卫生服务中心	(1) 一般3万～5万人设一处，设医院的住区不再设独立门诊所； (2) 设于交通便捷，服务距离适中的地段	2000～3000	3000～5000
	卫生站	社区卫生服务站	1万～1.5万人设一处	300	500
	护理院	健康状况较差或恢复期老年人日常护理	(1) 最佳规模100～150床位； (2) 每床位建筑面积≥30m²； (3) 可与社区卫生服务中心合设	3000～45000	—
文体	文化活动中心	小型图书馆、科普知识宣传与教育、影视厅、舞厅、游艺厅、球类、棋类活动室、科技活动、各类艺术训练班及青少年和老年人学习活动场地、用房等	结合或靠近同级中心绿地安排	4000～5000	8000～12000
	文化活动站	书报阅览、书画、文娱、健身、音乐欣赏、茶座等主要供青少年和老年人活动	(1) 宜结合或靠近同级中心绿地安排； (2) 独立性组团应设置本站	400～600	400～600
	居民运动场、馆	健身场地	宜设置60～100m直跑道和200m环形跑道及简单的运动设施	—	10000～15000
	居民健身设施	篮、排球及小型球类场地，儿童及老年人活动场地和其他简单运动设施等	宜结合绿地安排	—	—
商业服务	综合食品店	粮油、副食、糕点、干鲜果品等	(1) 服务半径：居住区不宜大于500m；居住小区不宜大于300m； (2) 地处山坡地的居住区，其商业服务设施的布点，除满足服务半径的要求外，还应考虑上坡空手，下坡负重的原则	居住区： 1500～2500 小区： 800～1500	—
	综合百货店	日用百货、鞋帽、服装、布匹、五金及家用电器等		居住区： 2000～3000 小区： 400～600	—

设施名称	项目名称	服务内容	设 置 规 定	每一处规模	
				建筑面积（m²）	用地面积（m²）
商业服务	餐饮	主食、早点、快餐、正餐等	(1) 服务半径：居住区不宜大于500m；居住小区不宜大于300m； (2) 地处山坡地的居住区，其商业服务设施的布点，除满足服务半径的要求外，还应考虑上坡空手，下坡负重的原则	—	—
	中西药店	汤药、中成药与西药		200～500	—
	书店	书刊及音像制品		300～1000	—
	市场	以销售农副产品和小商品为主	设置方式应根据气候特点与当地传统的集市要求而定	居住区：100～1200 小区：500～1000	居住区：1500～2000 小区：800～1500
	便民店	小百货、小日杂	宜设于组团的出入口附近	—	—
	其他第三产业设施	零售、洗染、美容美发、照相、影视文化、休闲娱乐、洗浴、旅店、综合修理以及辅助就业设施等	具体项目、规模不限	—	—
金融邮电	银行	分理处	宜与商业服务中心结合或邻近设置	800～1000	400～500
	储蓄所	储蓄为主		100～150	—
	电信支局	电话及相关业务	根据专业规划需要设置	1000～2500	600～1500
	邮电所	综合业务包括电报、电话、信函、包裹、兑汇和报刊零售等	宜与商业服务中心结合或邻近设置	100～150	—
社区服务	社区服务中心	家政服务、就业指导、中介、咨询服务、代客订票、部分老年人服务设施等	每小区设置一处，居住区也可合并设置	200～300	300～500
	养老院	老年人全托护理服务	(1) 一般规模为150～200床位； (2) 每床位建筑面积≥400m²	—	—
	托老所	老年人日托（餐饮、文娱、健身、医疗保健等）	(1) 一般规模为30～50床位； (2) 每床位建筑面积20 m²； (3) 宜靠近集中绿地安排，可与老年活动中心合并设置	—	—
	残疾人托养所	残疾人全托式护理	—	—	—
	治安联防站	—	可与居（里）委会合设	18～30	12～20
	居（里）委会（社区用房）	—	300～1000户设一处	30～50	—
	物业管理	建筑与设备维修、保安、绿化、环卫管理等	—	300～500	300

设施名称	项目名称	服务内容	设 置 规 定	每一处规模	
				建筑面积 (m²)	用地面积 (m²)
市政公用	供热站或热交换站	—	—	根据采暖方式确定	
	变电室	—	每个变电室负荷半径不应大于250m；尽可能设于其他建筑内	30～50	—
	开闭所	—	1.2万～2.0万户设一所；独立设置	200～300	
	路灯配电室	—	可与变电室合设于其他建筑内	20～40	
	煤气调压站	—	按每个中低调压站负荷半径500m设置；无管道煤气地区不设	50	
	高压水泵房	—	一般为低水压区住宅加压供水附属工程	40～60	
	公共厕所	—	每1000～1500户设一处；宜设于人流集中之处	30～60	
	垃圾转运站	—	应采用封闭式设施，力求垃圾存放和转运不外露，当用地规模为0.7～1km²时设一处，每处面积不应小于100 m²，与周围建筑物的间隔不应小于5m	—	—
	垃圾收集点	—	服务半径不应大于70m，宜采用分类收集	—	—
	居民存车处	存放自行车、摩托车	宜设于组团或靠近组团设置，可与居（里）委会合设于组团的入口处	1～2辆/户；地上0.8～1.2 m²/辆；地下1.5～1.8m²/辆	
	居民停车场、库	存放机动车	服务半径不宜大于150m	—	—
	公交始末站	—	可根据具体情况设置	—	—
	消防站	—	可根据具体情况设置	—	—
	燃料供应站	煤或罐装燃气	可根据具体情况设置	—	—
行政管理及其他	街道办事处	—	3万～5万人设一处	700～1200	
	市政管理机构（所）	供电、供水、雨污水、绿化、环卫等管理与维修	宜合并设置	—	—
	派出所	户籍治安管理	3万人～5万人设一处；宜有独立院落	700～1000	
	其他管理用房	市场、工商税务、粮食管理等	3万人～5万人设一处；可结合市场或街道办事处设置	100	
	防空地下室	掩蔽体、救护站、指挥所等	在国家确定的一、二类人防重点城市中，凡高层建筑下设满堂人防，另以地面建筑面积2%配建。出入口宜设于交通方便的地段，考虑平战结合		

4.2 公共服务设施的布置原则

4.2.1 规划布置的基本要求

1.公共服务设施规划布置应按照居民的使用频率进行分级并和居住人口规模（包括流动人口）相对应，公共服务设施布点还必须与居住区规划结构相适应；

2.各级公共服务设施应有合理的服务半径

居住区级公共服务设施　　500～1000m；

居住小区级公共服务设施　400～500m；

居住组团级公共服务设施　150～200m。

3.商业服务、金融邮电、文体等项目宜集中布置，形成各级居民生活活动中心；

4.在便于使用，综合经营，互不干扰、节约用地的前提下，宜将有关项目相对集中设置形成综合楼或组合体；

5.应结合职工上下班流向，布置公共交通站点，方便居民使用；

6.根据不同项目的使用特性和居住区的规划分级结构类型，采用集中与分散相结合的方式，合理布局，充分发挥设施效益，有利经营管理，方便使用与减少干扰。

4.2.2 规划布置的基本方式

公共服务设施规划布置的方式以居住人口规模大小分级布置。基本可分为两种，即居住区－居住小区（组团）二级或居住区－居住小区－居住组团三级布置（图4-4）。

居住区：包括专业性商业服务设施和影剧院、俱乐部、图书馆、医院、街道办事处、派出所、房管所、邮电、银行等全区居民服务的机构。

居住小区：包括菜站、综合商店、小吃店、物业管理、会所、幼托、中小学等。

居住组团：居委会、青少年活动室、老年活动室、服务站、小商店等。

4.3 公共服务设施的布置形式

居住区公共服务设施项目众多，性质各异，布置时应区别对待。例如，医院宜

图4-4 某居住区公共服务设施服务半径示意图

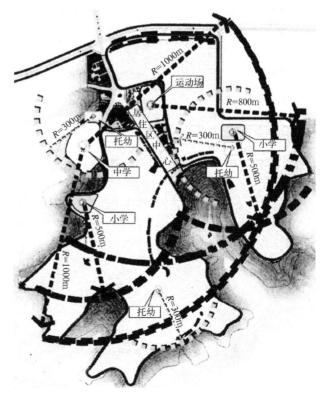

布置在环境比较安静且交通方便的地方；教育机构宜选在宁静地段，其中学校，特别是小学要保证小学生上学不穿越城市交通干道；商业服务、文化娱乐及管理设施除方便居民使用外，宜相对集中布置，形成生活活动中心。居民委员会作为群众自治的组织，应与所辖区内的居民有方便的联系。

居住小区级公共服务设施分商业服务和儿童教育两类，其中商业服务设施宜相对集中布置以方便居民使用和经营，形成居住小区生活服务中心。居住小区生活服务中心的位置应根据居住区总的公共服务设施系统来考虑，为便利居民途经使用可布置在小区中心地段或小区的主要出入口处，其建筑可设于住宅底层，或在独立地段设置。

4.3.1 文化商业服务类设施的布置

商业服务与金融邮电、文体等有关项目宜集中布置，形成居住区各级公共活动中心。而医院由于本身功能的要求，宜布置在比较安静和交通比较方便的地段，以便于居民使用和避免救护车对居住区不必要的穿越干扰。

1. 居住区文化商业服务中心位置的选择（表 4-4）

居住区文化商业服务中心位置的选择　　　　　　表4-4

位置	几何中心	沿主要道路	主要出入口	分散在道路四周
特点	服务半径小，便于居民使用，利于居住区内景观组织，但内向布点不利于吸引更多的过路顾客，影响经营效果	可兼为本区和相邻居住区居民及过往顾客服务，故经营效益好，有利于街道景观的组织，但可能会对交通产生一定的干扰	便于本区职工上下班使用，也可兼顾其他居住区居民使用，经营效果较好，且便于交通组织	居民使用方便，可选择性强，经营效果好。但面积分散，难以形成一定的规模
模式图				

2. 居住区文化商业服务中心的布置形式

根据国内外居住区规划和建设的实践，居住区商业文化服务中心布置形式有三种模式：（表 4-5）

（1）沿街带状布置：当公建中心沿街布置时，宜将大部分公建布置在道路一侧，减少人流和车流相互干扰；当公建布置在道路交叉口时，可将公建适当后退，留出小广场，以作人流集散的缓冲。沿街布置形式还可分为双侧布置、单侧布置以及步行街、混合式等。

1）沿街双侧布置——在街道不宽、交通量不大时双侧布置，店铺集中、商品丰富，商业气氛浓厚。居民采购穿行于街道两侧，交通量不大，较安全省时（图 4-5）。

居住区文化商业服务中心的布置形式

表4-5

布置形式	特点	模式图
沿街带状	购物交通沿街道集散，公共建筑应退红线以疏散人流。商业设施经营效益显著，并有利于组织街景，但沿交通性干道一般不宜沿街设置	
成片集中	有利于功能组织、居民使用和经营管理、易于形成良好的步行购物和游憩环境	
沿街与成片集中相结合	兼有以上两种形式的特点	

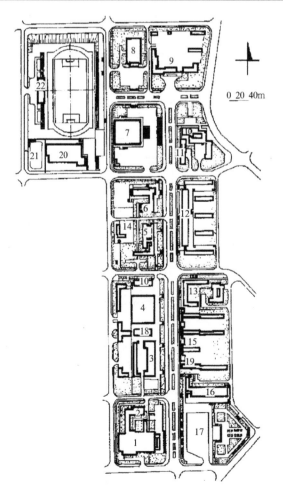

0 20 40m

1—文化宫剧场
2—文化厅
3—百货商店
4—副食商店
5—饮食店
6—旅馆
7—体育馆
8—电影院
9—区政府办公楼
10—邮电局
11—银行
12—底层商店
13—底层商店
14—中心浴室
15—日杂商店
16—底层商店
17—文化广场
18—自行车存放
19—蔬菜商店
20—游泳池
21—旱冰场
22—体育场

图4-5 我国×市生活区中心街区规划平面图

2）沿街单侧布置——当所临街道较宽且车流较大，或街道另一侧与绿地、水域、城市干道相临时，这种沿街单侧布置形式比较适宜（图4-6）。

3）步行商业街——在沿街布置公共设施的形式中，将车行交通引向外围，没有车辆通行或只有少量供货车辆定时出入，形成步行街。使商业服务环境比较安宁，居民可自由活动，不受干扰（图4-7）。

（2）成片布置

当成片集中布置时，要根据各类服务设施的功能要求和行业特点成组结合，分块布置，又要注意内部空间的组织以及合理地组织人流和货流的线路。成片布置形式可有院落型、广场型、混合型等多种形式。其空间组织主要由建筑围合空间，辅以绿化、铺地、小品等（图4-8）。

（3）沿街与成片集中布置

可综合体现两者的特点。也应根据各类建筑的功能要求和行业特点相对成组结合，同时沿街分块布置，在建筑群体艺术处理上既要考虑街景要求，又要注意片块内部空间的组合，更要合理地组织人流和货流的线路（图4-9）。

以上沿街、成片和沿街与成片布置三种基本方式各有特点，沿街布置对改变城市面貌效果较显著，若采用商住楼的建筑形式比较节约用地，但在使用和经营管理方面不如成片集中布置方式有利。在独立地段，成片集中布置的形式有可能充分满足各类公共建筑布置的功能要求，并易于组成完整的步行区，利于居民使用和经营管理。沿街和成片相结合的布置方式则可吸取两种方式的优点。在具体进行规划设计时，要根据当地居民生活习惯、建设规模、用地情况以及现状条件综合考虑，酌情选用。

3. 分期建设

居住区级公共服务设施的建设应与住宅建设的步骤一致。首先配套基层服务设施（小区级和组团级），对于建设周期较长的居住区可采用规划预留用地，分期建设，逐步实施（图

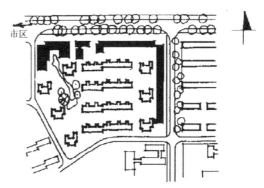

图4-6 我国×市清潭小区商业沿街单侧布置

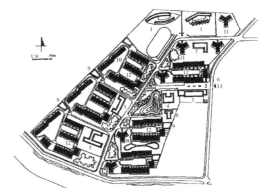

图4-7 我国×市西罗园11区规划平面及步行商业街
1—中学；2—小学；3—幼儿园；4—托儿所；5—商店；6—住宅底层商店；7—街道办事处；8—小区管理处；9—自行车库；10—14层住宅；11—20层住宅；12—6层住宅；13—步行街

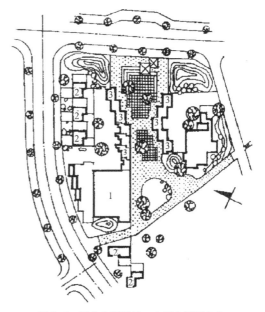

图4-8 日本大阪千里·古江台邻里中心
1—市场；2—新开店铺；3—店铺

4-10）；对于建设周期较短的居住区，可预留规划用地，待到人口达到一定规模时，一次建成。

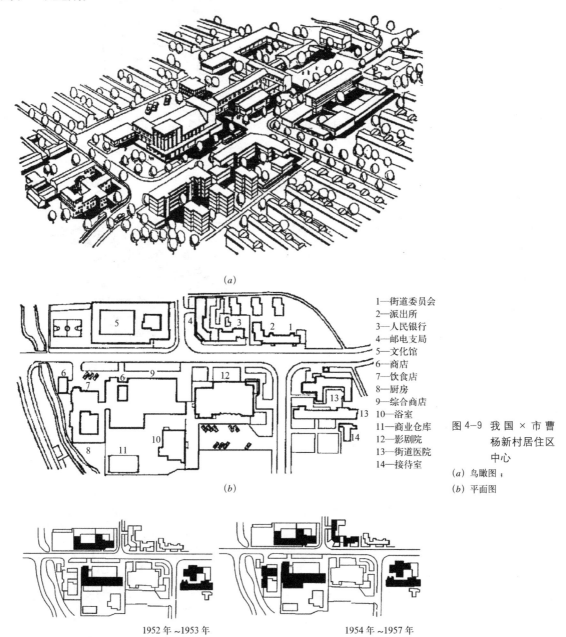

(a)

1—街道委员会
2—派出所
3—人民银行
4—邮电支局
5—文化馆
6—商店
7—饮食店
8—厨房
9—综合商店
10—浴室
11—商业仓库
12—影剧院
13—街道医院
14—接待室

(b)

图4-9 我国×市曹杨新村居住区中心

(a) 鸟瞰图；
(b) 平面图

1952年~1953年

1954年~1957年

1958年~1960年

1961年~1977年

图4-10 我国×市曹杨新村居住区中心分期建设图

4.3.2 中小学的规划布置

1. 中小学的规模和布点

学制：小学六年制、初中三年制、高中三年制

学校种类：六年制中学（包括高中与初中）、三年制中学（初中或高中）

三年制初中可设6班、9班、12班、15班、18班；六年制中学可设12班、18班、24班、30班、36班。

2. 中小学的校址选择

应有与新建学校相应的用地面积；便于学生就近上学，有方便的道路连接，出入口明显，学校基地应有良好的日照、通风条件，并远离铁路、城市交通干道，以避免噪声的干扰；基地形状应有利于校舍、校园及运动场地的布置，地势高爽、干燥。

3. 中小学规划布置的基本要求

服务半径：小学不大于500m；中学不大于1000m。

建筑层数：小学2～3层；中学3～5层。

中小学校在居住区、居住小区里的位置（表4-6）

中小学校在居住区、居住小区里的位置　　　　　　　　表4-6

位置图示				
特点	位于居住区、小区中心，服务半径小，但对居民干扰较大	位于居住区、小区一角，服务半径大，但对居民干扰小	位于居住区、小区一侧，服务半径较小，对居民干扰也较少	居住区、小区规模较大时，可设置两所或两所以上中学、小学

注：■中学，▲小学。

4.3.3 幼托的规划布置

1. 幼儿园、托儿所的规模

幼儿园、托儿所的规模与幼托机构类型，办园单位性质、条件，所在地区幼儿入园、入托率以及均匀合理的服务半径等因素有关。

班级人数：幼托每班人数决定活动室尺寸、影响教室效果和看护管理。每班人数过多,则教养不便，人数过少又不够经济。一般情况每班以20～30人为宜。

班级数：小型规模3～6班；中型规模6～12班；大型规模12～15班。我国幼儿园以中小型为主，大型较少。

2．幼儿园、托儿所规划布置的基本要求

幼托可分开或联合建造，一般以联合设置为好，有利于节约用地，便于管理及家长接送。

幼托宜独立建造，以保证自身功能及环境需要。如用地特别紧张而必须设置在住宅底层时，应将幼托入口与住宅入口分开，另外在建筑单体设计上还要采取措施，尽量减少上层住户和幼托之间的相互干扰。

幼托的总平面布置应保证活动室和室外活动场地有良好的朝向和日照条件，室外要有一定面积的硬地和活动器械等，以供儿童室外活动。

幼托室外活动场地（m^2）＝180＋20×（N－1）　N 为班级数（托班不计）

幼托宜布置在环境安静，接送方便的地段。

幼托层数以 1 ～ 2 层为主，在用地紧张的情况下可考虑三层。

幼托布置方式见表4-7。

幼托布置方式   表4-7

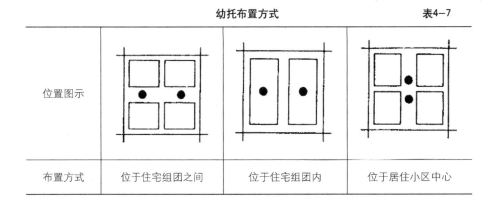

位置图示			
布置方式	位于住宅组团之间	位于住宅组团内	位于居住小区中心

本教学单元小结

综上所述，本单元介绍了公共服务设施用地的规划设计，主要从三方面叙述，分别是公共服务设施的分类分级及定额指标、公共服务设施的布置原则和公共服务设施的布置形式，其中重点介绍了公共服务设施的分类、规划布置的基本方式和文化商业服务类设施的布置方式等。

课后思考

1. 千人指标的定义。
2. 简述公共服务设施的分类、分级。
3. 简述文化商业服务类公共服务设施布置的方式，并举例说明。
4. 中小学校及幼托规划布置的要求。
5. 公共服务设施规划布置实例解析。

5

教学单元 5　居住区道路与交通规划设计

教学目标

通过本教学单元的学习，我们应掌握居住区道路交通的类型与分级指标，以及居住区道路各构成要素的详细规定，了解居住区道路的通达、观景、休闲及交往等功能，理解居住区道路系统规划的原则并学会居住区道路交通组织、路网规划布局以及停车设施布置和无障碍设计的基本方式。

居住区道路是城市道路的延伸，也是居住区的重要骨架，同时更是居住区内外环境的重要组成要素。居住区道路交通的规划设计不仅与居民生活息息相关，也在很大程度上对整个居住区景观环境质量产生重要影响。因此，创造宜人的居住环境，尤其要注重对居住区道路的规划设计。

5.1 居民出行特点及方式

居住区具有人际关系密切、生活范围稳定、自然环境优美等特点，使得居民的出行具有丰富的生活性和人文性，其出行方式也会根据自身不同的需要而进行选择，以满足方便生活的要求。

5.1.1 出行特点

相比城市道路，居住区道路网相对简单，其特点如下：

鲜明的生活性——居住区交通呈现明显的生活性特征，这是由其居住用地使用性质所决定的。居民交通出行的主要目的是上下班、上下学、商业购物、人际交往等日常生活行为；居住区道路不仅是居住区各组成部分之间以及居住区与城镇之间空间联系的纽带，也是人们日常生活活动的空间载体。

和谐的人文性——居住区一般都是周边地域的空间中心，人际关系十分密切，中华民族和谐谦逊的优良传统使得人们在出行中会互致问候和亲切交谈，居住区道路规划设计应为出行中的人际交往提供必要条件，道路是居住区安全和谐生活空间的重要组成部分。

道路的可达性——为保证居民出行安全、降低交通对居住环境的负面影响，居住区道路规划往往会采取各种流量限制、车速限制等物理措施；同时由于一般居住区内部道路都比城镇道路等级要低，不像城镇交通那样要求较高的通畅性，其内部交通整体上以满足可达性为主。

方式的多样性——居住区内部交通具有多样性特征，一是交通工具多样化，囊括了交通工具的主体如非机动车、小汽车、货运车、清洁车、消防车、急救车等和一些特殊交通工具如残疾人专用车、手推车、人力三轮车等；二是道路使用多元化，除满足居民上下班、上下学、货运、垃圾清运等普通功能外，还为市政管网的敷设提供依托，为居住区的绿化、体育锻炼、生活交流、休闲、文化娱乐提供场地，为居住区的通风、采光提供所需空间等。

5.1.2 出行方式选择

居民考虑交通方式时的基本要素是交通距离，影响交通距离与交通方式相互关系的因素有体能、交通时间和交通费用三项。

不同的人在选择时对三类因素考虑的侧重点是不同的：对老年人、儿童、青少年来说，体能是最主要的考虑因素；对低收入者来说，费用是主要方面；对高收入者来说，可能时间对他来说价值最高。但在绝大部分情况下，400～1000m范围内，步行是居民首选的交通方式；7km以上，多采用机动车作为交通工具；1～7km范围内，自行车交通将是主要交通方式，但对那些未拥有自行车或是自身条件所限的居民及老年人、儿童、青少年，他们仍将采用机动车作为交通工具。

居民出行交通方式的选择一般来说，对于居住区区内交通，考虑到经济性和便利性，选择步行和非机动车交通方式的占绝大多数；而对于区外交通：考虑交通成本、交通时间、方便程度，以及舒适和自身的经济条件等因素，出行方式选择则多样化。

5.2 居住区交通类型与道路分级

5.2.1 交通类型

居住区内部道路按照交通功能可分为通勤性交通、生活性交通、服务性交通和应急性交通四种类型（表5-1）。其中，服务性和应急性交通为机动车交通，应保证安全并避免对居民的干扰；而对前两类交通应尽量达到安全、便捷和舒适的要求。

按照交通方式可分为公共交通、私人机动车交通、非机动车交通和步行交通四种类型（图5-1）。

按交通功能划分的交通类型　　　　　　　　　　　表5-1

交通类型	内　容	特　征
通勤性交通	上下班、上下学	日常性
生活性交通	购物、娱乐、休闲、交往	日常性
服务性交通	垃圾清运、居民搬家、货物运送、邮件投递	定时性、定量性
应急性交通	消防、救护	必要性、偶发性

居住区道路具有一般道路的普通功能，同时也能满足进入区内的外来交通要求。此外还是联系停车场地的必要交通，并且能够结合绿地设计合理组织景观，是居住区规划设计的主要结构要素，串联各个空间。居住区道路同时具备可达性和联通性。

图 5-1 居住区交通方式分类

5.2.2 道路分级

居住区内的道路根据规模大小，并结合交通方式、工具、流量以及管线敷设等因素，应该作分级处理。一般分为居住区级道路、居住小区级道路、居住组团级道路和宅间小路四级。

1. 居住区级道路（图 5-2）：是解决居住区内外联系，使居住区与城市道路网相衔接的中介性道路。在大城市可视为城市的支路，在中小城市可视为城市次干道，可通行公共交通。居住区道路不仅要满足人车行交通需要，还要保证各种基础设施和绿化的合理布置。车行道宽度不小于 9m，考虑公交时应增加到 10～14m，红线宽度一般为 20～30m。居住区级道路多采用一块板形式，规模较大的居住区可采用三块板形式。

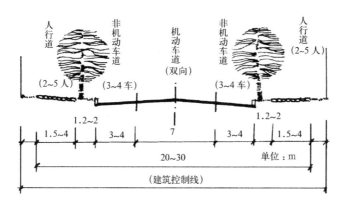

图 5-2 居住区级道路

2. 居住小区级道路（图 5-3）：是居住区的次要道路，也是居住小区的主干道，具有沟通小区内外关系，划分居住组团的功能。主要通行私人小汽车、内部管理机动车、非机动车与人行交通。车行道宽度一般为 7m，红线宽度根据规划要求确定。多采用一块板的断面形式。可设人行道，人行道宽度为 1.5～2m。

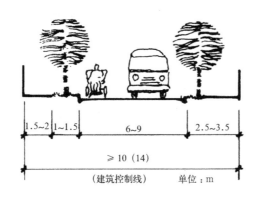

图 5-3 居住小区级道路

3. 居住组团级道路（图5-4）：是居住区内的支路，用以解决住宅组群的内外联系，主要通行内部管理机动车、非机动车和人行交通，同时满足地上、地下管线的敷设要求。车行道宽度一般为4m，如用地有条件可设1.5～2m宽的人行道。

4. 宅间小路（图5-5）：是进出住宅及庭院空间的道路和通向各户或各单元门前的小路，主要通行非机动车和人行交通，但要满足垃圾清运、救护、消防和搬运家具等需要，一般宽度为3m，连接高层住宅时不小于3.5m。

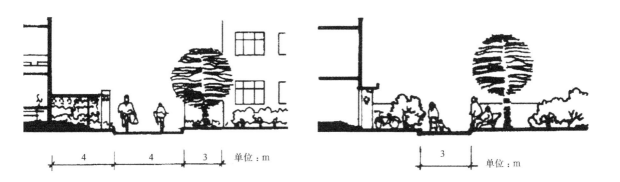

| 4 | 4 | 3 | 单位：m |

| 3 | 单位：m |

此外，居住区内还可能有专供步行的林荫步道。具体的道路设置要求详见表5-2。

图5-4 居住组团级道路（左）
图5-5 宅间小路（右）

居住区道路分级设置规定   表5-2

道路分级	道路功能	道路红线宽度	建筑控制线之间宽度	断面形式	备注
居住区级道路	居住区内外联系的主要道路	一般为20～30m，山地居住区不小于15m	—	多采用一块板	人行道宽度一般在1.5～4m
居住小区级道路	居住小区内外联系的主要道路	路面宽6～9m	采暖区不宜小于14m，非采暖区不宜小于10m	多采用一块板	道路红线宽于12m时可考虑设人行道，宽度在1.5～2m
居住组团级道路	居住小区内部的次要道路，联系各住宅群落	路面宽3～5m	采暖区不宜小于10m，非采暖区不宜小于8m	—	大部分情况下不需要设专门的人行道
宅间小路	连接单元与单元、单元与居住组团级道路或其他等级道路	不宜小于2.5m	—	—	连接高层住宅时路幅宽度不宜小于3.5m

5.3 居住区道路构成

居住区的各类道路均有路面、线型控制点以及道路设施等构成因素。

5.3.1 道路尺度

道路的基本尺度是道路空间的重要因素，应符合人、车及道路设施在道路空间中的交通行为。居住区各类道路的最小宽度如下：

机动车道——单车道宽 3 ~ 3.5m，双车道宽 6 ~ 6.5m。

非机动车道——自行车单车道宽 1.5m，双车道宽 2.5m。

人行道——设于车行道一侧或两侧的人行道最小宽度为 1m，其他地段人行道最小宽度可小于 1m。如超过 1m 时按 0.5m 的倍数递增。

人行梯道——当室外用地坡度或道路坡度 ≥ 8% 时，应辅以梯步并附设坡道供非机动车上下推行，坡道坡度比 ≤ 15/34。长梯道每 12 ~ 18 级需设一个缓冲平台。

5.3.2 道路线型控制

道路线型因用地条件、地形地貌、功能和技术的需要，有直线型、曲线型、折线型等多种线型，对线型起控制作用的部位有道路的交叉、转折、折线、尽端等处。

1. 转弯半径：道路转弯或交叉处的平面曲线半径的大小，又叫缘石半径（图 5-6），主要根据车辆型号、速度等情况确定。

2. 折线长度：折线或蛇形等曲折线型道路要保证必要的转折长度（图 5-7），以便于车辆的顺利通过。

3. 道路尽端：尽端式道路为方便车辆进退、转弯或调头，应在道路尽端处设置回车场，面积不应小于 12m×12m，图 5-8 为常见的各种类型回车场的最小面积，其具体规模尺度还需根据适用车型和用地条件进行确定。

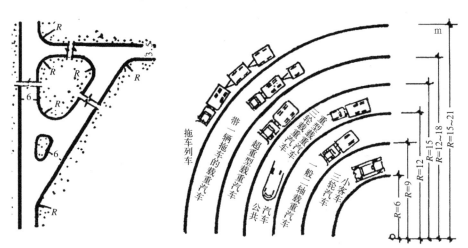

图 5-6 道路转弯半径

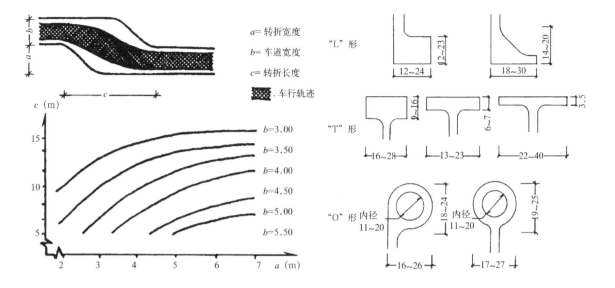

a= 转折宽度
b= 车道宽度
c= 转折长度
: 车行轨迹

"L"形

"T"形

"O"形 内径

5.3.3 道路设施

1. 道路绿化

道路绿化有遮阴、保护路基、美化街景、防尘隔声等功能。行道树是道路绿化的普遍形式，其种植方式有"树池式"和"种植带式"两种。树池式常用于人行道较窄或行人较多的道路上，树池一般呈方形或圆形；种植带式则是在人行道和车行道之间留出一条免做铺装的种植带，其中种植灌木、草皮、花卉、乔木等，形式多样。

机动车道的绿化布置要注意不妨碍车辆通行，特别要注意道路交叉口和转弯处的安全视距，如图5-9所示，安全视距为交叉口平面曲线内侧司机能看见对面来车的距离 S（右侧通行），在清除范围内不得设置1.2m高度以上的绿化、建筑等，确保安全。

图5-7 机动车道转折
最小尺寸（左）
图5-8 回车场一般规
模（m）（右）

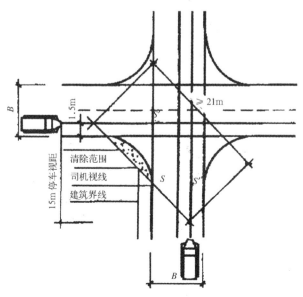

图5-9 道路交叉口安
全视距

2．道路使用设备

道路边设置公用、卫生、休息等设备，方便行人、保护街道卫生，详见表5-3。

道路使用设备参考　　　　　　　　　　　　表5-3

类别	项目	设置原则	参考数据
公用设施	路灯	可按10～15m间距设置	步行商业街内以小于6m为宜
绿化	行道树	选择适宜树种及栽植方式	行栽距6～10m或0.9～1.5m宽
绿化	花草坛	与休息设施组合考虑	土壤深度：草木>0.15m 矮树>0.3m 高树>0.9m
休息	座椅	按不同场地考虑布置形式	双人椅长1.5m 坐面高0.38m 椅背0.8～0.9m
卫生设备	饮水器	功能与装饰结合，保证视觉洁净感	高度以0.8m为宜
卫生设备	烟蒂筒	根据吸烟行为，与废物箱结合	高度0.8m 筒形直径0.35～0.55m
卫生设备	废物箱	造型醒目，便于清除废物，与休息设施配合	高0.6～0.9m
公共设施	指路标	方向变换及人流聚集停留处	高度2～2.4m 字高8m以上（视距6m以下）
公共设施	标志牌	符号含义清晰、醒目、美观	
公共设施	导游图	出入口及中心人群停留处	
公共设施	报时钟	功能与装饰结合	高度6m以下 钟面0.8m左右
公共设施	雕塑小品	考虑文脉及场所行为造型	
公共设施	路面彩砖	表面光洁防滑、色彩宜人	以0.3～0.45m见方为宜
公共设施	车档护栏	根据交通考虑固定或活动式	高度0.6～1m为宜

3．道路边缘

为不影响建筑物、构筑物的使用，保证行人行车安全，有利于地下管线敷设、地面绿化和各种使用设备等，对建筑物有出入口的一面，离道路保持较宽的间距作为进出建筑的缓冲，并考虑临时车辆停放，具体规定了道路边缘至建筑物、构筑物的最小距离见表5-4。

道路边缘至建筑物、构筑物最小距离（m）　　　　　　表5-4

与建、构筑物关系		道路等级	居住区道路	居住小区道路	居住组团道路及宅间小路
建筑物面向道路	无出入口	高层	5	3	2
建筑物面向道路	无出入口	多层	3	3	2
建筑物面向道路	有出入口		—	5	2.5
建筑物山墙面向道路		高层	4	2	1.5
建筑物山墙面向道路		多层	2	2	1.5
围墙面向道路			1.5	1.5	1.5

注：居住区级的道路边缘指红线；其余均为路面边线或人行道边线。

5.4 居住区道路系统规划

居住区道路系统规划通常是在居住区交通组织规划下进行的。

5.4.1 道路系统规划的特征及原则

1. 道路系统规划的特征

系统性——居住区道路交通体系作为一个系统，应合理衔接区内外交通，妥善安排动静态交通，科学组织人车行交通。道路设施和停车设施的规划建设应具有经济性、实用性、实效性和持续性，集约化使用土地、整合化规划设计、系统化组织建设。

协调性——协调好道路与用地间的关系；协调好交通与环境的关系；协调好供需平衡的关系；协调好动、静态交通的关系。

人文性——在居住区道路交通关系中人是主角，车是配角，一切应服从于居民的方便与需要，以人为本。高质量的道路配置是人性化居住空间的先决条件，高效的道路系统应当是一个合理、节约而又安全的系统。

生态性——居住区道路具有交通和环境景观双重功能。居住区道路系统规划应遵循环境生态原则，高效利用土地，加强生态建设，改善居住区空间环境。

安全性——公共交通、私人机动车、非机动车、步行四种不同类型和速度的交通相互影响，相互牵制。居住区生活性道路应该严格限速；建立公共交通、私人机动车、非机动车、步行各自的交通系统，保持四类交通各自的完整性和连续性；注重道路交叉口的设计。

2. 道路系统规划的原则

(1) 顺而不穿、通而不畅，保持住宅区内居民生活的完整与舒适；

(2) 分级布置、逐级衔接，保证交通安全、环境安静及居住空间领域完整；

(3) 因地制宜，使住宅区的路网布局合理、建设经济；

(4) 功能复合化，营造人性化的街道空间；

(5) 空间结构整合化，构筑方便、系统、丰富和整体的交通、空间和景观网络；

(6) 避免影响城市交通。

5.4.2 道路布置基本形式

居住区道路结构大致可分为规则式、自由式、混合式等。规则的道路网络有内环式、风车式等，一般适用于地形较为平坦的地区；自由式道路网的形式多种多样，比较适用于地形复杂的山地；混合式则是多种形式的组合，适用于较为复杂的地形，又能实现比较完整的道路功能。居住区道路的常见布置形式如图5-10所示。

1　　　　　2　　　　　3　　　　　4　　　　　5　　　　　6

图5-10 道路网布置
　　　　基本形式
1—环通式；
2—半环式；
3—内环式；
4—风车式；
5—尽端式；
6—混合式

5.4.3　道路交通组织

居住区道路交通组织的目的是确保居民安全、便捷地完成出行，创造方便、安全、宁静、良好的交通和居住环境。一般居住区交通组织规划可分为人车分行、人车混行和部分分行三类。在这几类交通组织体系下，综合考虑居住区的地形、住宅特征和功能布局等因素，进行合理的居住区道路系统规划。

1．人车分行

"人车分行"的居住区交通组织原则是由C·佩里于1928年在美国新开发住宅计划中提出的。这种完全人车分流系统于1933年在美国新泽西州的雷德朋（Radburn，NJ）小镇规划中首次采用并实施，较好解决了人车矛盾，成为私家车时代居住区交通处理的典范（图5-11）。人车分行道路系统使汽车和行人分开，车行系统不穿越住区，常设在住区或住宅组群周围，外围可设置成尽端式道路行驶，连接停车场或回车场；人行系统贯穿于居住区内部，与居民的日常生活设施、绿化休闲场所、儿童游戏设施等户外活动空间及住宅组团、邻里生活院落、住宅出入口相连（图5-12）。

基于这样的一种交通组织，居住区路网布局应遵循以下原则：

（1）步行和车行在空间上分开，设置步行路和车行路两个独立的路网系统；

（2）车行路分级明确，可采取围绕居住区或群落的布置方式，并以枝状尽端路或环状尽端路的形式伸入到各住户或住宅单元背面入口；

图5-11 雷德朋人车分
　　　　流道路系统
　　　　（左）
图5-12 雷德朋建成
　　　　区组团平面
　　　　（右）
1—花园住宅；
2—车行道尽端；
3—公共绿地

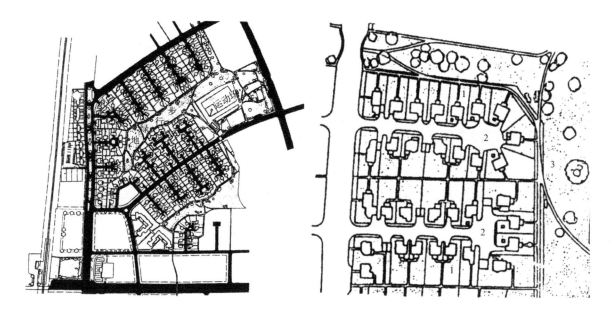

（3）在车行路周围或尽端应设置住户停车位，车行路的尽端设回车场；

（4）步行路贯穿于住宅区内部，将绿地、户外活动场地、公共服务设施串联起来，并伸入到各住户或住宅单元正面的入口，起到连接住宅院落、住宅私院和住户起居室的作用。

人车分行的路网布局一般要求步行和车行在空间上不能重叠，但允许二者在局部位置的交叉，此时如条件允许，可采用立交，特别是在行人量比较大的地段。在有条件时（地形、财力）可采取车行路整体下挖并覆土，营造人工地形，建立完全分离、相互不干扰的交通路网系统；也可采用步行路整体高架建立两层以上的步行路网系统的方法来达到人车分行的目的。

人车分行路网规划示例见图 5-13。

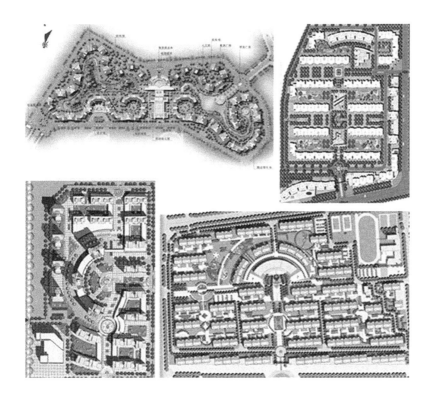

图 5-13 人车分行路网布局

2．人车混行与部分分行

人车混行是居住区道路交通组织规划中一种很常见的体系。与人车分行相反，是将人车纳入同一道路空间，车行交通和人行交通共同使用同一套路网，机动车和行人在同一道路断面中通行，利用划分人行道和车行道的方法解决人车矛盾，也是最常见的居住区交通组织方式（图 5-14）。这种方式在私人小汽车数量不多的国家和地区比较适合，特别对一些居民以自行车和公共交通出行为主的城市更为适用，在我国，目前大多数城市基本都采用这种方式。

人车混行交通组织方式下的居住区路网布局要求道路分级明确，并应贯穿于居住区内部。在道路断面上对车行道和步行道的宽度、高差、铺地材料、

主要经济技术指标	
总用地面积（约）	69378.63m²
总建筑面积	90140m²
多层住宅建筑面积	86140m²
其中自行车库建筑面积	6670m²
公建	400m²
密度	21.3%
容积率	1.30
绿地率	39.3%

图 5-14 人车混行路
网布局（左）
图 5-15 莲花居住区
交通组织(右)

小品等进行处理，使其符合交通流量和生活活动的不同要求；在道路线型规划上要防止外界车辆穿行；主要路网多采用互通式、环状尽端式或两者结合使用。

而人车部分分行是指人车混行和人车分行结合的道路系统。这种道路系统强调人性化的环境设计，将交通空间与生活空间作为一个整体，认为人车不是对立的，而应是共存的。人车矛盾则是通过采用多弯线型、缩小道路宽度、路面铺砌、路障、驼峰以及各种交通管制手段来缓和甚至解决的。如深圳莲花居住区（图 5-15），东西两侧为城市干道，采用两条平行的车行道路以避免居住区人车出入对城市交通产生影响。规划将一条南北向贯穿三个居住小区的绿化步行带设于中间，车行路设于两侧并以环状尽端的形式使车行路不切断步行系统。在住宅院落中则采用人车混行的交通与路网布局。

5.4.4 道路规划设计的其他规定

道路规划设计的其他规定为：

1. 规模较大居住区的主要道路至少要有两个方向与外围道路相连，每个居住区至少有两个对外车行出入口，且机动车对外出入口间距不小于 150m；

2. 车行出入口一般不允许布置在城市快速路和主干道上，城市道路交叉口 70m 范围内也不宜布置机动车出入口，居住区内部避免过境车辆穿行，道路走向要便于居民出行，尽量减少反向交通，居住区道路与城市道路相交的交角不小于 75°；

3. 居住区人行出入口与车行出入口尽量分开布置，人行出入口间距不大于 80m，与最近的公共站之间的距离不宜大于 500m；

4. 沿街建筑物长度大于150m时，设净高净宽不小于4m的消防车道；

5. 当建筑物长度大于80m时，应在底层加设人行通道；

6. 尽端路长度不宜大于120m，并应设面积不小于12m×12m的回车场；

7. 如车道宽度为单车道时，每隔150m应设置车辆会车处；

8. 地面坡度大于8%时应设梯步解决竖向通行，并在梯步旁设非机动车推行车道；

9. 应考虑设计无障碍通道，轮椅坡道（加护理空间）宽度 ≥ 2.5m，纵坡 ≤ 2.5%；

10. 道路纵坡应满足要求，对于机动车与非机动车混行的纵坡宜按非机动车道的纵坡要求控制（表5-5）。

居住区道路纵坡控制指标（%）　　　　　　　　　表5-5

道路类别	最小纵坡	最大纵坡	多雪严寒地区最大纵坡
机动车道	≥0.3	≤8.0　L≤200m	≤5.0　L≤600m
非机动车道	≥0.3	≤3.0　L≤50m	≤2.0　L≤100m
步行道	≥0.5	≤8.0	≤4.0

注：L为坡长。

5.5　居住区道路无障碍设计

人口老龄化的加剧已经深入影响到社会、经济、建设等诸多方面，现代城市建设中无障碍设施是必不可少的组成部分。居住区规划设计必须要考虑无障碍设计。对于道路设施来讲，无障碍交通设计主要是满足下肢残疾和盲人的出行要求。

5.5.1　轮椅坡道

1. 室外轮椅坡道宽度

根据轮椅尺度和乘坐人所需空间，轮椅坡道最小宽度为1.5m（图5-16），若空间条件允许另加护理空间，则坡道宽度 ≥ 2.5m。

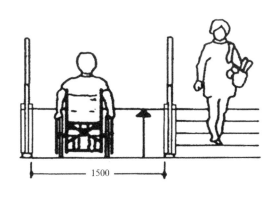

1500

图5-16　室外轮椅坡道示意图

2．坡道形式

轮椅坡道应该根据室外用地的具体情况来选择合适的形式，一般有单坡段型和多坡段型之分（图5-17）。其纵向坡度≤2.5%，也可以用坡道高度和水平长度的关系来描述（表5-6）。坡道的平台尺度为：中间平台最小深度≥1.2m，转弯和端部平台深度≥1.5m。

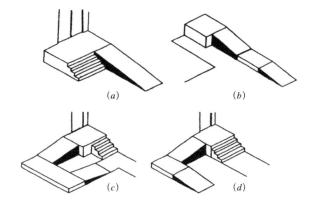

图5-17 轮椅坡道的
一般形式
(a) 一字形；
(b) 一字多段形；
(c) U字形；
(d) L形

每段轮椅坡道控制指标　　　　　　　　　　　　　　表5-6

坡度	1/20	1/16	1/12	1/10	1/8	1/6
坡段最大高度（mm）	1500	1000	750	500	350	200
坡段水平长度（mm）	30000	16000	9000	5000	2800	1200

5.5.2　盲人盲路

1．盲路地面提示块材

它是一种特制的铺地块材，设置于盲人的通道上，形成盲人能识别的专用行进线路。有行进块材和停步块材两种，均为方形，常用尺寸和一般样式详见表5-7和图5-18。前者提示安全行进，后者提示停步辨别方向、建筑入口、障碍等等。

地面提示块材尺寸　　　　　　　　　　　　　　表5-7

	规格（mm）				
行进块材	150	200	250	300	400
停步块材	150	200	250	300	400
厚度	2~10	2~20	2~50	2~50	2~50

2．盲路布置

盲路一般铺设行进块材，当提示转弯、十字路口、尽端等则改铺停步块材，布置方式见图5-19所示。

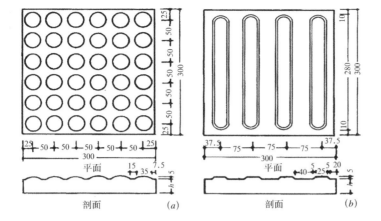

图 5-18 盲路地面提示块材

(a) 地面提示停步块材 (mm);

(b) 地面提示行进块材 (mm)

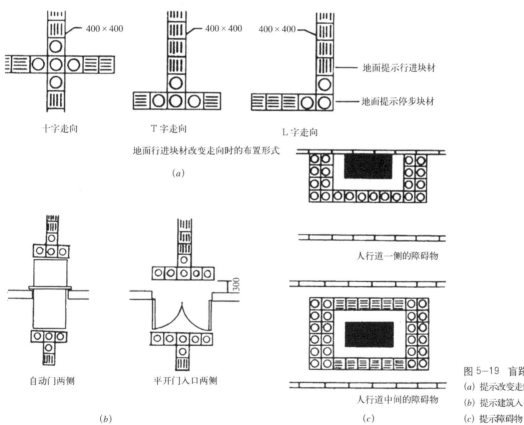

地面行进块材改变走向时的布置形式

(a)

自动门两侧 平开门入口两侧

(b)

人行道一侧的障碍物

人行道中间的障碍物

(c)

图 5-19 盲路布置

(a) 提示改变走向;

(b) 提示建筑入口;

(c) 提示障碍物

5.6 居住区静态交通

居住区静态交通主要是指机动车的停放。组织静态交通,合理存放车辆,能够避免产生空气污染、噪声干扰、交通混乱、景观恶化等一系列问题,是居住区规划设计必须要处理的重点内容之一。常用的停车方式有地面停车、室内停车和地下停车几种。

5.6.1 车辆停放基本形式

车辆停放形式一般有垂直式、平行式和斜列式三种，而斜列式又包括交叉斜列式、60°斜列式、30°斜列式和45°斜列式（图5-20）。

图5-20 车辆停放基
本形式
(a) 垂直式；
(b) 平行式；
(c) 交叉斜列式；
(d) 60°斜列式；
(e) 30°斜列式；
(f) 45°斜列式

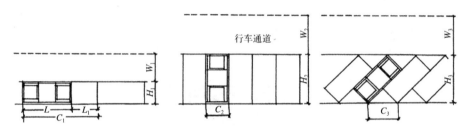

(a) (b) (c) (d) (e) (f)

垂直式的特点是单位面积内停车位最多，但占地较宽，车辆进出需倒车，行车通道要求较宽；平行式所需停车带较窄，驶出车辆方便，但占地最长，单位长度内停车位最少；斜列式的停车带宽度随停放角度而异，适于场地受限时采用，车辆进出很方便，但单位停车面积比垂直式停车要多，特别是30°停放，最费用地，比较少采用。

停车位（段）基本尺度可参考图5-21和表5-8。

图5-21 停车位（段）
基本尺度

停车位（段）基本尺度参考（m）   表5-8

车型	平行式				垂直式			斜列式（45°）		
	W_1	H_1	L_1	C_1	W_2	H_2	C_2	W_3	H_3	C_3
小轿车	3.5	2.5	2.7	8.0	6.0	5.3	2.5	4.5	5.5	3.5
中型车	4.5	3.2	4.0	11.0	8.0	7.5	3.2	5.8	7.5	4.5
大型车	5.0	3.5	5.0	16.0	10.0	11.0	3.5	7.0	10.0	5.0

注：行车通道为双行时，加宽2~3m。

5.6.2 地面停车

1. 居住区外围周边停放——居住区规划主路沿周边布置，将停车场设在城市规划要求的后退红线范围内，人行道则设于居住区中部，这种方式较好地解决了人车分流，也充分利用了边界不允许建房的用地。但若是居住区规模较大，从周边停车位回到家中的步行距离可能会很长，不是太方便。

2. 组团入口附近一侧或组团之间的场地停放——这是一种不让车辆驶入组团，保证组团内安全、安宁，又比较方便停车的做法（图5-22）。集中停放，方便管理，较为适宜，被较为广泛的采用。

3. 院落停放——把汽车停放到住宅院落的内部，方便车主出入，是车主最乐意接受的方式，但却干扰到其他居民生活，影响居住环境。规划时，可允许少量车位在院落附近，作为临时或来客停车，车位宜设置在住宅的侧边和端部，或结合室内外高差来设计（图5-23）。院落停车主要是作为居住区室外停车的补充，不宜作为主要停车方式。

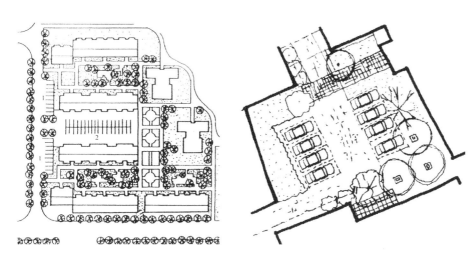

图 5-22　组团停车(左)
1—停车位；
2—停车场
图 5-23　院落停车(右)

4. 分散停放——分散设置小型停车场和停车位。有的局部放宽居住区主路、支路的路面，有的在道路尽端适当扩大路面，总之是尽量利用路边、庭院以及边角零星地段。图5-24是一组形式多样各异的分散停车布置示意集锦。这种做法规模小，布置自由灵活，形式多样，使用方便，但是由于过于分散，不易管理，影响美观，多适用于外来车辆的临时停放。

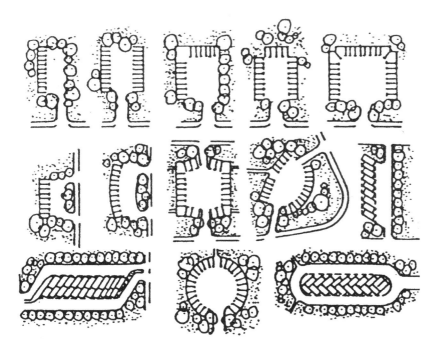

图 5-24　分散停车示意图

5.6.3　室内停车

1.集中式车库——常常采用多层车库。这种做法比较经济。可节约用地，集中管理，一般多层车库设于居住区副主入口附近，方便车辆直接进入车库，不干扰居民步行交通，但造价较高，车主使用起来也不是很方便。

2.住宅底层封闭或架空停放——方便用户存取，但车辆进入院落，干扰居民，适用于规模不大的居住区，既能保证正常日照间距，又适当利用了底层空间。

3.坡坎车库——利用地形高差，将车辆停放于坡坎形成的车库，对坡度有限定。

4.独栋或联排住宅的独立停车房——停车房是住宅的一部分，从车房直接进入住宅，是最方便住户的停车方式。但对居住区的干扰无法避免，不适合规模大的住区。

5.6.4　地下停车

1.结合绿地的地下车库——有的将绿地地面抬高,绿地下设1～3层车库,有的则完全埋入地下。地下停车方式是高效利用土地、不占用绿化面积、隔绝噪声、减少废气，便于统一管理的较好停车方式。但造价昂贵，同时绿地一般都位于中心位置，居民活动频繁，因此必须处理好人车交叉的问题。这种方式已经逐步成为集中停车的设计趋势。

2.居住区运动场或附近学校运动场下的地下车库——由于居住区运动场和学校一般都规划设计在边缘地带，因此，车辆可以直接从城市道路驶入车库，最大程度上避免了对居民和学生的干扰。车库在住区内部设置人行出口，这种方式形成人车绝对分流，并且节约用地，不足的是造价较高。

3.院落地下车库——将院落空间作为平台，居民由平台进入楼栋，车辆则在平台下方停放，平台上设采光通风口，并辅以绿化、座椅、小品等，作为居民室外消闲交往场地。住宅底层设储藏空间，用以存放非机动车和杂物等，基本解决了人车交叉的问题。

4.住宅建筑下的地下车库——此种车库可以和地上建筑，特别是高层住宅的结构相结合，但必须安排好车库与上部结构的柱网尺寸，使地下车库获得最佳最多的车位安排。

5.6.5　车库设置的一般规定

1.室内最小净高：小型车停放时为2.2m，中型车停放时为2.8m。

2.疏散口：若为地上车库和停车场，当停车位大于50辆时，疏散口不少于2个；若为地下车库，停车位大于100辆时，疏散口不少于2个。疏散口的距离不小于10m，汽车疏散坡道宽度不小于4m，双车道不宜小于7m。

3.车库出入口前应留有足够的场地供车辆调头、停车等候、洗车等。

4.车库柱网尺寸，见图5-25所示。

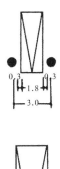
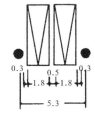
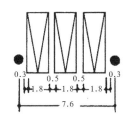

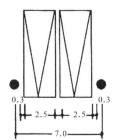
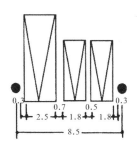

图 5-25 车库柱距最
小尺寸（m）

总的来说，居住区的集中停车一般采用建设单层或多层停车库（包括地下）的方式，往往设在居住区和若干住宅群落的主要车行出入口或服务中心周围，以方便购物、限制外来车辆进入，并有利于减少住区内汽车通行量和空气噪声污染。完全的集中停车布局对于规模较大的居住区可能会在不同程度上对居民的使用造成不便，因此应该考虑设置一定比例的分散停车场地。分散停车场地至住宅最大距离以 200m 为宜，不应超过 300m。居住区车辆存放如果仅仅只靠一种方式很难解决好静态交通组织的问题，更需兼备多种停车方式，同时注意利用绿化。

本教学单元小结

本教学单元分析了我国居民出行的行为特点和出行方式选择；阐述了居住区道路交通的类型与分级指标，针对居住区道路各构成要素进行了详细讲解；对居住区道路系统规划的原则、道路布置的基本形式和道路交通组织方式进行了深入的剖析；同时对静态交通主要是停车设施布置以及道路无障碍设计进行了介绍。

课后思考

1. 描述居民出行的特点和出行方式选择的考虑因素。
2. 居住区道路交通的类型包括哪些以及各自的分级指标。
3. 记忆居住区道路尺度、线型、道路设施的相关规定。
4. 简述居住区道路系统规划的基本原则和道路布置的基本形式。
5. 分析人车分行、人车混行和部分分型各自的优缺点和适用范围。
6. 试结合实际复杂情况进行基本的盲路布置。
7. 分析各类停车方式的优劣和适用范围。

6

教学单元6　居住区绿地与景观规划设计

教学目标

掌握居住区绿地景观规划设计的概念、原则及基本结构；了解居住区各类绿地及景观要素的设计要点；对居住区绿地景观从规划层面到设计层面都具备整体把握与控制的能力。

6.1　居住区绿地的功能

图 6-1　居住区绿地的功能

文化审美——绿地景观可以增加居住区内视觉的愉悦程度，并提升文化内涵。

休闲交往——将为居民提供舒适愉悦的休闲场所，并成为邻里发生交往的空间。

遮阳降温——绿地在炎热季节里，不仅可以为身在其中的人们遮阳降温，还可以为相邻的建筑遮阳降温；而整个居住区的温度也会降低。

防尘固土——地面因绿化覆盖，土壤不裸露，在起风时可以降低尘土飞扬的程度，同时有效防止土壤由于水体冲刷的流失。

防风通风——迎着冬季的主导风向，种植密集的乔木灌木林，能够防止寒风侵袭；而对着夏季主导风向使绿化开口，则有利于凉爽的风进入居住区。

防声抗污——在沿厂、沿街的一侧进行绿化，可以减少工厂、交通噪声、有害气体等对居住区的干扰。

防灾疏散——居住区绿地的空间可作为灾难发生时的疏散通道与场地。

6.2　居住区绿地的组成、指标及规划原则

6.2.1　绿地的组成

公共绿地——是指居住区内居民公共使用的绿化用地。如居住区级公园、小区级游园、住宅组团的小块绿地等。

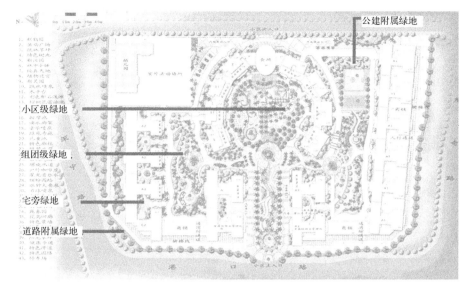

图 6-2 各级绿地示意
图

宅旁绿地——是指住宅四旁或庭院绿地。

公建附属绿地——是指居住区公建用地内的绿地。

道路附属绿地——是指居住区内各级各种道路用地内的绿地。

6.2.2 公共绿地的指标

就我国国情来说，大到各地区、小到各楼盘，自然、经济等环境的差异，使得各地、各楼盘的居住区绿地指标差别较大，但总的来说应符合表6-1中的标准。

各类公共绿地设置规定   表6-1

类别	设置内容	设置要求	最小规模（hm²）
居住区公园	各类植物、水体、景观建筑、小品陈设、休憩娱乐场地、休闲步道、停车设施（可于地下设置）等	园内布局应有明确的功能分区和清晰的游览路线	1.0
小区游园	各类植物、水体、景观建筑、小品陈设、休憩娱乐场地、休闲步道等	园内布局应有一定功能划分	0.4
组团绿地	植物、简易休憩娱乐设施等	灵活布局	0.004

6.2.3 规划原则

1. 布局与规划结构通盘考虑

居住区绿地景观布局，包括其分级、主次、彼此之间的联系等方面，都应当与居住区的规划结构（比如说居住区区分，道路布局，地形处理等）一同考虑，才能为下一步的规划设计打下正确的基础。

2. 最大程度尊重原有生态格局与要素

原有生态格局包括地形，水体的位置、形态、规模，原有植被的比例、种类等，都要在满足设计要求的同时，尽最大可能最大限度的尊重，以保持该地块的生态活力。

3. 充分考虑人的行为模式与习惯

首先要对人通常的行为模式和习惯进行了解，比如人对亲水性、领域感、交往等各方面的要求；更要对针对性人群调研他们的行为模式与习惯，比如不同收入人群，不同年龄人群等特殊要求的行为模式与习惯。

4. 提升文化内涵，强调风格特色

目前很少有居住区景观绿地追求文化底蕴与风格特色，而是一味追求所谓法式、意式、英式等风格，手法几乎如出一辙。而我国历史悠久、幅员辽阔，对于居住区绿地景观的内涵与风格的挖掘提升，具有相当的借鉴意义。

6.3 居住区绿地景观结构

居住区绿地景观结构，概述为由点、线、面组成。

绿点为小面积的绿地形态，通常分布于建筑一旁或者角落、道路的节点等位置；绿线则为各类景观轴线，比如中心景观主轴、景观次轴、滨水景观带、沿道路景观带等；绿面则为大面积的绿地形态，通常为居住区公园、小区游园、组团绿地、公建附属绿地、生态绿地、广场等（图6-3、图6-4）。

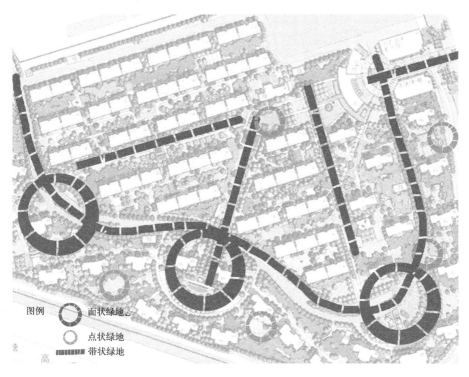

图例
⊙ 面状绿地
○ 点状绿地
▮▮▮▮▮ 带状绿地

图6-3 各形态绿地示意图

图6-4 面域绿地（小
区游园）

　　点线面共同组织构成绿地景观系统（网络）。但是如前所述，必须结合居
住区的规划布局结构来考虑（图6-5、图6-6）。

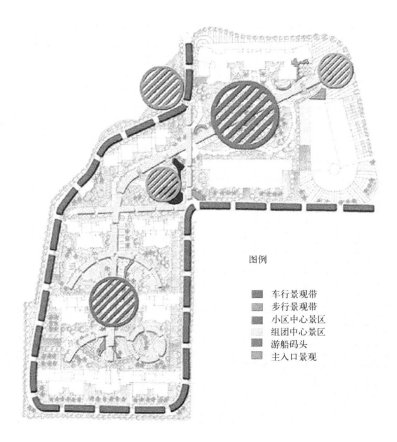

图例

■ 车行景观带
■ 步行景观带
■ 小区中心景区
■ 组团中心景区
■ 游船码头
■ 主入口景观

图6-5 点线面结合的
绿地景观系统

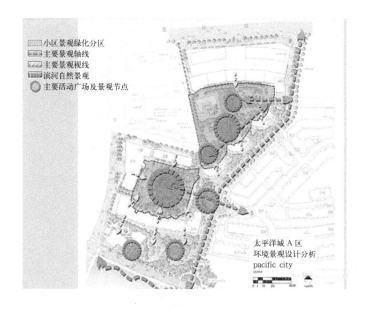

图 6-6 某小区绿地景
观系统

- 小区景观绿化分区
- 主要景观轴线
- 主要景观视线
- 滨河自然景观
- 主要活动广场及景观节点

太平洋城 A 区
环境景观设计分析
pacific city
scale

6.4 居住区各类绿地设计要点

6.4.1 公共绿地

1.居住区公园

（1）服务对象：居住区公园为居住区配套建设的集中绿地，虽然服务对象主要为全居住区的居民，但也可以对任何人开放。

（2）规模：其面积较大，相当于城市小型公园，通常不小于 10000m^2。

（3）设施场地：居住公园是城市绿地系统中最基本而且活跃的部分，是城市绿化空间的延续，又是最接近居民的生活环境。因此在规划设计上有与城

图 6-7 居住区公园

市公园不同的特点，不宜照搬或模仿城市公园，也不是公园的缩小或公园的一角。设计时要特别注重居住区居民的使用要求，适于活动的广场、充满情趣的雕塑、园林小品、疏林草地、儿童活动场所、停坐休息设施等应该重点考虑，适合各年龄人群休息、活动，并应能满足居民对游憩、散步、运动、健身、游览、游乐、服务、管理等方面的需求。

（4）位置与服务半径：此类公园位置应当设计适中，服务半径500～1000m。为方便居民使用，常常规划在居住区中心地段，居民步行约10分钟可以到达。可与居住区的公共建筑、社会服务设施结合布置，形成居住区的公共活动中心，以利于提高使用效率，节约用地。

（5）植物配置：居住区公园户外活动时间较长、频率较高的使用对象是儿童及老年人。因此在规划中内容的设置、位置的安排、形式的选择均要考虑其使用方便性，在老人活动、休息区，可适当地多种一些常绿树。专供青少年活动的场地，不要设在交叉路口，其选址应既要方便青少年集中活动，又要避免交通事故，其中活动空间的大小、设施内容的多少可根据年龄不同、性别不同而合理布置；植物配置应选用夏季遮阴效果好的落叶大乔木，结合活动设施布置疏林地。可用常绿绿篱分隔空间和绿地外围，并成行种植大乔木以减弱喧闹声对周围住户的影响。观赏花木、草坪、草花等。在大树下加以铺装，设置石凳、桌、椅及儿童活动设施，以利老人坐息或看管孩子游戏。在体育运动场地外围，可种植冠幅较大、生长健壮的大乔木，为运动者休息时遮阴。

（6）中心绿地设计重点：自然开敞的中心绿地，是小区中面积较大的集中绿地，也是整个小区视线的焦点，为了在密集的楼宇间营造一块视觉开阔的构图空间。植物景观配置上应注重：平面轮廓线要与建筑协调，以乔、灌木群植于边缘隔离带，绿地中间可配置地被植物和草坪，点缀树形优美的孤植乔木或树丛、树群。人们漫步在中心绿地里有一种似投入自然怀抱、远离城市的感受。

2. 小区游园

图 6-8　小区游园

(1) 功能设施：游园面积相对较小，功能亦较简单，为居住小区内居民就近使用，为居民提供茶余饭后活动休息的场所。它的主要服务对象是老人和少年儿童，内部可设置较为简单的游憩、文体设施，如：儿童游戏设施、健身场地、休息场地、小型多功能运动场地、树木花草、铺装地面、庭院灯、凉亭、花架、凳、桌等，以满足小区居民游戏、休息、散步、运动、健身的需求。

(2) 位置与服务半径：游园的服务半径一般为300～500m。此类绿地的设置多与小区的公共中心结合，方便居民使用。也可以设置在街道一侧，创造一个市民与小区居民共享的公共绿化空间。当游园贯穿小区时，居民前往的路程大为缩短，如绿色长廊一样形成一条景观带，使整个小区的风景更为丰满。由于居民利用率高，因而在植物配置上要求精心、细致、耐用。

(3) 植物造景：游园以植物造景为主，考虑四季景观。如要体现春景，可种植垂柳、玉兰、迎春、连翘、海棠、樱花、碧桃等，使得春日时节，杨柳青青，春花灼灼。而在夏园，则宜选悬铃木、栾树、合欢、木槿、石榴、凌霄、蜀葵等，炎炎夏日，绿树成荫，繁花似锦。

在游园因地制宜地设置花坛、花境、花台、花架、花钵等植物应用形式，有很强的装饰效果和实用功能，为人们休息、游玩创造良好的条件。起伏的地形使植物在层次上有变化、有景深，有阴面和阳面，有抑扬顿挫之感。

(4) 布置形式：小游园绿地多采用自然式布置形式，自由、活泼、易创造出自然而别致的环境。通过曲折流畅的弧线形道路，结合地形起伏变化，在有限的面积中取得理想的景观效果。植物配置也模仿自然群落，与建筑、山石、水体融为一体，体现自然美。当然，根据需要，也可采用规则式或混合式。规则式布置采用几何图形布置方式，有明确的轴线，园中道路、广场、绿地、建筑小品等组成有规律的几何图案。混合式布置可根据地形或功能的特点，灵活布局，既能与周围建筑相协调，又能兼顾其空间艺术效果，可在整体上产生韵律感和节奏感。

3. 组团绿地

图6-9　组团绿地

(1) 规模与服务半径:服务半径为 60 ～ 200m,居民步行几分钟即可到达。块状及带状公共绿地应同时满足宽度不小于 8m、面积不小于 400m²。

(2) 院落式组团绿地设置要求:应满足表 6-2 中的各项要求。

院落式组团绿地设置要求   表6-2

封闭型绿地		开敞型绿地	
南侧多层楼	南侧高层楼	南侧多层楼	南侧高层楼
$L \geqslant 1.5L_2$ $L \geqslant 30m$	$L \geqslant 1.5L_2$ $L \geqslant 50m$	$L \geqslant 1.5L_2$ $L \geqslant 50m$	$L \geqslant 1.5L_2$ $L \geqslant 50m$
$S_1 \geqslant 800m^2$	$S_1 \geqslant 1800m^2$	$S_1 \geqslant 500m^2$	$S_1 \geqslant 1200m^2$
$S_2 \geqslant 1000m^2$	$S_2 \geqslant 2000m^2$	$S_2 \geqslant 6000m^2$	$S_2 \geqslant 1400m^2$

注:1. L—南北楼正面距离(m); L_2—当地住宅标准日照间距(m);
　　2. S_1—北侧为多层楼的组团绿地面积; S_2—北侧为高层楼的组团绿地面积。

(3) 景观设施:随着组团的布置方式和布局手法的变化,其大小、位置和形状均相应变化。组团绿地主要供居住组团内居民(特别是老人和儿童)休息、游戏之用;不宜建造许多园林小品,不宜采用假山石和建大型水池。应以花草树木为主,基本设施包括儿童游戏设施、铺装地面、庭院灯、凳、桌等。

(4) 日照要求:组团绿地的设置应满足有不少于 1/3 的绿地面积在标准的建筑日照阴影线之外的要求,方便居民使用。

(5) 植物造景:组团绿地面积较小,要在同一块绿地里兼顾四季序列变化,不仅杂乱,也难以做到,较好的处理手法是一片一个季相。并考虑造景及使用上的需要,如铺装场地上及其周边可适当种植落叶乔木为其遮阴;入口、道路、休息设施的对景处可丛植开花灌木或常绿植物、花卉;周边需障景或创造相对安静空间地段则可密植乔、灌木,或设置中高绿篱。

(6) 布局:

1) 院落式组团绿地。由周边住宅围合而成的楼与楼之间的庭院绿地集中组成,有一定的封闭感,在同等建筑的密度下可获得较大的绿地面积。

2) 住宅山墙间绿化。指行列式住宅区加大住宅山墙间的距离,开辟为组团绿地,为居民提供一块阳光充足的半公共空间。既可打破行列式布置住宅建筑的空间单调感,又可以与房前屋后的绿地空间相互渗透,丰富绿化空间层次。

3) 扩大住宅间距的绿化。指扩大行列式住宅间距,达到原住宅所需的间距的 1.5 ～ 2 倍,开辟组团绿地。可避开住宅阴影对绿化的影响,提高绿地的综合效益。

4) 住宅组团成块绿化。指利用组团入口处或组团内不规则的不宜建造住宅的场地布置绿化。在入口处利用绿地景观设置,加强组团的可识别性;不规则空地的利用,可以避免消极空间的出现。

5) 两组团间的绿化。因组团用地有限,利用两个组团之间规划绿地,既有利于组团间的联系和统一,又可以争取到较大的绿地面积,有利于布置活动设施和场地。

6) 临街组团绿地。在临街住宅组团的绿地规划中，可将绿地临街布置，既可以为居民使用，又可以向市民开放，成为城市空间的组成部分。临街绿地还可以起到隔声、降尘、美化街景的积极作用。

6.4.2　宅旁绿地

图 6-10　宅旁绿地

（1）重要性：宅旁绿地属于住宅用地的一部分，是居住区绿地中重要的组成部分。在居住小区用地平衡表中，只反应公共绿地的面积与百分比，宅旁绿地面积不计入公共绿地指标，而宅旁绿地是住宅内部空间与公共绿地的延续和补充。

（2）设计要点：宅旁绿地覆盖比例应达到 90% ~ 95%，且应有利于阻挡外界视线、噪声和尘土，为居民创造一个安静、舒适、卫生的生活环境。

（3）绿地布置形式：应与住宅的类型、层数、间距及组合形式密切配合，既要注意整体风格的协调，又要保持各幢住宅之间的绿化特色。同时，根据居民的文化品位与生活习惯又可将宅旁绿地分为几种类型：以乔木为主的庭院绿地；以观赏型植物为主的庭院绿地；以瓜果园艺型为主的庭院绿地；以绿篱、花坛界定空间为主的庭院绿地；以竖向空间植物搭配为主的庭院绿地。

（4）设计细节：宅旁绿地设计要注意庭院的尺度感，根据庭院的大小、高度、色彩、建筑风格的不同，选择适合的树种。选择形态优美的植物来打破住宅建筑的僵硬感；选择图案新颖的铺装地面活跃庭院空间；选用一些铺地植物来遮挡地下管线的检查口；以富有个性特征的植物景观作为组团标识等，创造出美观、舒适的宅旁绿地空间。

（5）日照考虑：靠近房基处不宜种植乔木或大灌木，以免遮挡窗户，影响通风和室内采光，而在住宅西向一面需要栽植高大落叶乔木，以遮挡夏季日晒。此外，宅旁绿地应配置耐践踏的草坪，阴影区宜种植耐荫植物。

(6) 专属性宅旁绿地:对于别墅、花园洋房等宅旁绿地,专属性相对更强,可结合绿地开展儿童嬉戏、品茗弈棋、邻里交往以及晾晒衣物等各种家务活动。

6.4.3　公建附属绿地

图6-11　公建附属绿地

　　(1) 意义:公共设施内的附属庭院场地是内外人员主要活动区域。靠近建筑附近的绿地应注意植物配置形式应与建筑布置形式相协调,而且要为建筑建立绿色减噪防污屏障,创造怡人的环境。

　　(2) 要求:公共设施内的附属庭院场地一般面积不大,设备较简单,但设计精巧、管理方便。为人们等提供了休息、交谈、进行一些小型文娱活动等的场所。

　　(3) 平面布局:分为规则式布局、自然式布局、混合式布局。规则式布局庭院中绿化、建筑小品、道路等成对称式或均衡式布局,给人以整齐、明快的感觉。自然式布局庭院则通过采用自然式的植物种植,形成良好的植物景观。混合式布局庭院是规则式布局小游园与自然式布局小游园的结合。

　　(4) 屋顶花园:具备改善屋顶眩光、美化城市景观,增加绿色空间与建筑空间的互相渗透,以及隔热和保温效果、蓄水作用等等。屋顶花园应比陆地花园建造得更为精致美观。其植物选配应是当地的精品,并精心设计植物造景的特色。根据承载力的不同,屋顶花园在植物造景的方式上,可以分为地毯式和群落式。地毯式主要在承载力较小的屋顶上以地被、草坪或其他低矮花灌木为主进行造园;群落式则对屋顶的荷载要求较高,植物配置时考虑乔、灌、草的生态习性,按自然群落的形式营造成复层人工群落。

6.4.4　道路附属绿地

　　道路作为车辆和人员的汇流途径,具有明确的导向性,道路两侧的环境景观应符合导向要求,并达到步移景异的视觉效果。道路边的绿化种植及路面质地色彩的选择应具有韵律感和观赏性。在满足交通需求的同时,道路可形成重要的视线走廊,因此,要注意道路的对景和远景设计,以强化视线集中的观景。休闲性人行道、园道两侧的绿化种植,要尽可能形成绿荫带,并串连花台、亭廊、水景、游乐场等,形成休闲空间的有序展开,增强环境景观的层次。

居住区内的消防车道和人行道、院落车行道合并使用时,可设计成隐蔽式车道,即在 4 米幅宽的消防车道内种植不妨碍消防车通行的草坪花卉,铺设人行步道,平日作为绿地使用,应急时供消防车使用,有效地弱化了单纯消防车道的生硬感,提高了环境和景观效果。

(1) 居住区级道路:人行车行比较频繁。应在人行道和居住建筑之间,可多行列植或丛植乔灌木,以草坪、灌木、乔木形成多层次复合结构的带状绿地,以起到防止尘埃和隔音作用。

(2) 小区级道路:其绿化对居住小区的绿化面貌有很大作用。以人行为主,也常是居民散步之地,树木配置要活泼多样。在树种选择上,可以多选小乔木及开花灌木,特别是一些开花繁密、叶色变化的树种,如合欢、樱花、五角枫、红叶李、乌桕、栾树等。每条路可选择不同的树种,不同断面的种植形式,使每条路的种植各有个性。

(3) 组团级道路:一般以人行为主,绿化与建筑的关系较为密切,绿化多采用灌木。道路绿地设计时,有的步行路与交叉口可适当放宽,并与休息活动场地结合,形成小景点。主路两旁行道树不应与城市道路的树种相同,要体现居住区的植物特色,在路旁种植设计要灵活自然,与两侧的建筑物、各种设施相结合,疏密相间,高低错落,富有变化,以不同的行道树、花灌木、绿篱、地被、草坪组合不同的绿色景观,加强识别性。在树种的选择上,由于道路较窄,可选种中小型乔木。

6.4.5 植物与建筑物、构筑物、管线的水平距离

见表 6-3。

植物与建筑物、构筑物、管线的水平距离　　　　　　　　　　表6-3

名称	最小间距 (m)		名称	最小间距 (m)	
	至乔木中心	至灌木中心		至乔木中心	至灌木中心
有窗建筑物外墙	3.0	1.5	给水管网	1.5	不限
无窗建筑物外墙	2.0	1.5	污水管、雨水管	1.0	不限
道路两侧、挡土墙	1.0	0.5	电力电缆	1.5	
高2m以下围墙	1.0	0.75	热力管	2.0	1.0
人行道	0.75	0.5	电缆沟、电力电线杆	2.0	
体育场地	3.0	3.0	路灯电杆	2.0	
排水明沟边缘	1.0	0.5	消防龙头	1.2	1.2
测量水准点	2.0	1.0	煤气管	1.5	1.5

6.4.6 绿地景观与建筑层数的关系（表6-4）

绿地景观与建筑层数的关系 表6-4

层数分类	景观空间密度	景观布局	地形及竖向处理
高层住区	高	采用立体景观和集中景观布局形式。布局可适当图案化，既要满足居民在近处观赏的审美要求，又需注重居民在居室中俯瞰时的景观艺术效果	通过多层次的地形塑造来增强绿视率
多层住区	中	采用相对集中、多层次的景观布局形式，保证集中景观空间合理的服务半径，尽可能满足不同的年龄结构、不同心理取向的居民的群体景观需求，具体布局手法可根据住区规模及现状条件灵活多，不拘一格，以营造出自身特色的景观空间	因地制宜，结合住区规模及现状条件适度地形处理
低层住区	低	采用较分散的景观布局，尽可能接近每户居民，景观的散点布局可结合庭院塑造尺度适人的半围合景观	地形塑造不宜多大，以不影响低层住户的景观视野又可满足其私密度要求为宜
综合住区	不确定	宜根据住区总体规划及建筑形式选用合理的布局形式	适度地形处理

6.5 居住区主要景观要素设计

《居住区环境景观设计导则》中景观设计分类是依居住区的居住功能特点和环境景观的组成元素而划分的，不同于狭义的"园林绿化"，是以景观来塑造人的交往空间形态，突出了"场所＋景观"的设计原则，具有概念明确，简练实用的特点。有助于工程技术人员对居住区环境景观的总体把握和判断。

6.5.1 绿化种植要素

1. 植物配置的原则

（1）选择生长健壮、管理粗放、少病虫害、有地方特色的乡土树种。

（2）在夏热冬冷地区，注意选择树形优美、冠大荫浓的落叶阔叶乔木，以利人们夏季遮阴、冬季晒太阳。

（3）在建筑前后光照不足地段，注意选择耐阴植物，在院落围墙和建筑墙面，可以选择攀缘植物，实行立体绿化和遮蔽不利观瞻之物。

（4）尽量考虑植物的保健作用，注意选择松柏类、香料和香花植物等；同时注意避免选择有毒有刺的植物。

（5）植物种类搭配要在统一中求变化，变化中求统一。

（6）植物配置要讲究时间和空间景观的有序变化，以求不同的季节，不同的空间，都有各具特色的植物景观。比如夏季有睡莲，冬季有腊梅；水体较多空间强调水生植物特色，山地强调山地植物特色等。

(7) 植物配置方式要多种多样，比如乔木灌木地被等植物的合理搭配，不仅视觉丰富美观，也有利于绿地生态的稳定。

2. 植物配置的手法

适用居住区种植的植物分为六类：乔木、灌木、藤本植物、草本植物、花卉及竹类。植物配置按形式分为规则式和自由式，配置组合基本有如下几种：

植物配置组合　　　　　　　　　　　　　表6-5

组合名称	组合形态及效果	种植方式
孤植	突出树木的个体美，可成为开阔空间的主景	多选用粗壮高大，体型优美，树冠较大的乔木
对植	突出树木的整体美，外形整齐美观，高矮大小基本一致	以乔灌木为主，在轴线两侧对称种植
丛植	以多种植物组合成的观赏主体，形成多层次绿化结构	以遮阳为主的丛植多由数株乔木组成。以观赏为主的多由乔灌木混交组成
树群	以观赏树组成，表现整体造型美，产生起伏变化的背景效果，衬托前景或建筑物	由数株同类或异类树种混合种植，一般树群长宽比不超过3：1，长度不超过60m
草坪	分观赏草坪、游憩草坪、运动草坪、交通安全草坪、护坡草皮，主要种植矮小草本植物，通常成为绿地景观的前提	按草坪用途选择品种，一般容许坡度为1%～5%，适宜坡度为2%～3%

3. 植物配置的空间效果

植物作为三维空间的实体，以各种方式交互形成多种空间效果，植物的高度和密度影响空间的塑造。

植物配置的空间效果　　　　　　　　　　　表6-6

植物分类组合	植物高度（cm）	空间效果
花卉、草坪	13～15	能覆盖地表，美化开敞空间，在平面是暗示空间
灌木、花卉	40～45	产生引导效果，界定空间范围
灌木、竹类、藤本类	90～100	产生屏障功能，改变暗示空间的边，限定交通流线
乔木、灌木、藤本类、竹类	135～140	分隔空间，形成连续完整的围合空间
乔木、藤本类	高于人水平视线	产生较强的视线引导作用，可形成较私密的交往空间
乔木、藤本类	高大树冠	形成顶面的封闭空间，具有遮蔽功能，并改变天际线的轮廓

6.5.2 场所要素

1. 健身运动场（图6-12）

居住区的运动场所分为专用运动场和一般的健身运动场，专用运动场多指网球场、羽毛球场、门球场和室内外游泳场，这些运动场应按其技术要求由专业人员进行设计。

健身运动场应分散在住区方便居民就近使用又不扰民的区域。不允许有机动车和非机动车穿越运动场地。包括运动区和休息区。运动区应保证有良好的日照和通风，地面宜选用平整防滑适于运动的铺装材料，同时满足易清洗、耐磨、耐腐蚀的要求。室外健身器材要考虑老年人的使用特点，要采取防跌倒措施。休息区布置在运动区周围，供健身运动的居民休息和存放物品。休息区宜种植遮阳乔木，并设置适量的座椅，有条件的小区可设置直饮水装置。

图6-12 健身场所

2. 休闲广场（图6-13）

休闲广场应设于住区的人流集散地（如中心区、主入口处），面积应根据住区规模和规划设计要求确定，形式宜结合地方特色和建筑风格考虑。广场上应保证大部分面积有日照和遮风条件。

广场周边宜种植适量庭荫树和休息座椅，为居民提供休息、活动、交往的设施，在不干扰邻近居民休息的前提下保证适度的灯光照度。

广场铺装以硬质材料为主，形式及色彩搭配应具有一定的图案感，不宜采用无防滑措施的光面石材、地砖、玻璃等。广场出入口应符合无障碍设计要求。

3. 游乐场

儿童游乐场应该在景观绿地中划出固定的区域，一般均为开敞式。游乐场地必须阳光充足，空气清洁，能避开强风的袭扰。应与住区的主要交通道路相隔一定距离，减少汽车噪声的影响并保障儿童的安全。

游乐场的选址还应充分考虑儿童活动产生的嘈杂声对附近居民的影响，离开居民窗户 10m 远为宜。

儿童游乐场周围不宜种植遮挡视线的树木，保持较好的可通视性，便于成人对儿童进行目光监护。

儿童游乐场设施的选择应能吸引和调动儿童参与游戏的热情，兼顾实用性与美观。色彩可鲜艳但应与周围环境相协调。

游戏器械选择和设计应尺度适宜，避免儿童被器械划伤或从高处跌落，可设置保护栏、柔软地垫、警示牌等。

居住区中心较具规模的游乐场附近应为儿童提供饮用水和游戏水，便于儿童饮用、冲洗和进行筑沙游戏等。

6.5.3 硬质景观要素

硬质景观是相对种植绿化这类软质景观而确定的，泛指用质地较硬的材料组成的景观。硬质景观主要包括雕塑小品、围墙、栅栏、挡墙、坡道、台阶及一些便民设施等。

1. 雕塑小品

雕塑小品与周围环境共同塑造出一个完整的视觉形象，同时赋予景观空间环境以生气和主题，通常以其小巧的格局、精美的造型来点缀空间，使空间诱人而富于意境，从而提高整体环境景观的艺术境界。

雕塑按使用功能分为纪念性、主题性、功能性与装饰性雕塑等。从表现形式上可分为具象和抽象，动态和静态雕塑等。

雕塑在布局上一定要注意与周围环境的关系，恰如其分地确定雕塑的材质、色彩、体量、尺度、题材、位置等，展示其整体美、协调美。应配合住区内建筑、道路、绿化及其他公共服务设施而设置，起到点缀、装饰和丰富景观的作用。

特殊场合的中心广场或主要公共建筑区域，可考虑主题性或纪念性雕塑。

雕塑应具有时代感，要以美化环境保护生态为主题，体现住区人文精神。以贴近人为原则，切忌尺度超长过大。更不宜采用金属光泽的材料制作。

2. 便民设施

居住区便民设施包括有音响设施、自行车架、饮水器、垃圾容器、座椅（具），以及书报亭、公用电话、邮政信报箱等。

便民设施应容易辨认，其选址应注意减少混乱且方便易达。

在居住区内，宜将多种便民设施组合为一个较大单体，以节省户外空间和增强场所的视景特征。

3. 座椅（具）

座椅（具）是住区内提供人们休闲的不可缺少的设施，同时也可作为重要的装点景观进行设计。应结合环境规划来考虑座椅的造型和色彩，力争简洁适用。室外座椅（具）的选址应注重居民的休息和观景。

室外座椅（具）的设计应满足人体舒适度要求，普通座面高38～40cm，座面宽40～45cm，标准长度：单人椅60cm左右，双人椅120cm左右，3人椅180cm左右，靠背座椅的靠背倾角为100°～110°为宜。

座椅（具）材料多为木材、石材、混凝土、陶瓷、金属、塑料等，应优先采用触感好的木材，木材应作防腐处理，座椅转角处应作磨边倒角处理。

6.5.4 水体景观要素

水景景观以水为主。水景设计应结合场地气候、地形及水源条件。南方干热地区应尽可能为居住区居民提供亲水环境，北方地区在设计不结冰期的水景时，还必须考虑结冰期的枯水景观。

1. 自然水景

自然水景与海、河、江、湖、溪相关联。这类水景设计必须服从原有自然生态景观，自然水景线与局部环境水体的空间关系，正确利用借景、对景等手法，充分发挥自然条件，形成的纵向景观、横向景观和鸟瞰景观。应能融和居住区内部和外部的景观元素，创造出新的亲水居住形态。

自然水景的构成元素见表6-7。

（1）驳岸

驳岸是亲水景观中应重点处理的部位。驳岸与水线形成的连续景观线是否能与环境相协调，不但取决于驳岸与水面间的高差关系，还取决于驳岸的类型及用材的选择（图6-14、表6-8）。

对居住区中的沿水驳岸（池岸），无论规模大小，无论是规则几何式驳岸（池岸）还是不规则驳岸（池岸），驳岸的高度，水的深浅设计都应满足人的亲水性要求，驳岸（池岸）尽可能贴近水面，以人手能触摸到水为最佳。亲水环境中的其他设施（如水上平台、汀步、栈桥、栏索等），也应以人与水体的尺度关系为基准进行设计。

自然水景的构成元素   表6-7

景观元素	内容
水体	水体流向，水体色彩，水体倒影，溪流，水源
水上跨越结构	沿水道路，沿岸建筑（码头、古建筑等），沙滩，雕石
沿水驳岸	桥梁，栈桥，索道
水边山体树木（远景）	山岳，丘陵，峭壁，林木
水生动植物（近景）	水面浮生植物，水下植物，鱼鸟类
水面天光映衬	光线折射漫射，水雾，云彩

图 6-14　缓坡驳岸

驳岸类型   表6-8

驳岸类型	材质选用
普通驳岸	砌块（砖、石、混凝土）
缓坡驳岸	砌块，砌石（卵石、块石），人工海滩、沙石
带河岸裙墙的驳岸	边框式绿化，木桩锚固卵石
阶梯驳岸	踏步砌块，仿木阶梯
带平台的驳岸	石砌平台

（2）景观桥（图6-15）

图 6-15　景观桥

桥在自然水景和人工水景中都起到不可缺少的景观作用，其功能作用主要有：形成交通跨越点；横向分割河流和水面空间；形成地区标志物和视线集合点；眺望河流和水面的良好观景场所，其独特的造型具有自身的艺术价值。

景观桥分为钢制桥、混凝土桥、拱桥、原木桥、锯材木桥、仿木桥、吊桥等。居住区一般采用木桥、仿木桥和石拱桥为主，体量不宜过大，应追求自然简洁，精工细做。

(3) 木栈道

邻水木栈道为人们提供了行走、休息、观景和交流的多功能场所。由于木板材料具有一定的弹性和粗朴的质感，因此行走其上比一般石铺砖砌的栈道更为舒适。多用于要求较高的居住环境中。

木栈道由表面平铺的面板（或密集排列的木条）和木方架空层两部分组成。木面板常用桉木、柚木、冷杉木、松木等木材，其厚度要根据下部木架空层的支撑点间距而定，一般为 3 ~ 5cm 厚，板宽一般为 10 ~ 20cm 之间，板与板之间宜留出 3 ~ 5mm 宽的缝隙。不应采用企口拼接方式。面板不应直接铺在地面上，下部要有至少 2cm 的架空层，以避免雨水的浸泡，保持木材底部的干燥通风。设在水面上的架空层其木方的断面选用要经计算确定。

2. 庭院水景

庭院水景通常以人工化水景为多。根据庭院空间的不同，采取多种手法进行引水造景（如叠水、溪流、瀑布、涉水池等），在场地中有自然水体的景观要保留利用，进行综合设计，使自然水景与人工水景融为一体。庭院水景设计要借助水的动态效果营造充满活力的居住氛围。

(1) 瀑布跌水

瀑布按其跌落形式分为滑落式、阶梯式、幕布式、丝带式等多种，并模仿自然景观，采用天然石材或仿石材设置瀑布的背景和引导水的流向（如景石、分流石、承瀑石等），考虑到观赏效果，不宜采用平整饰面的白色花岗石作为落水墙体。

为了确保瀑布沿墙体、山体平稳滑落，应对落水口处山石作卷边处理，或对墙面作坡面处理。

瀑布因其水量不同，会产生不同视觉、听觉效果，因此，落水口的水流量和落水高差的控制成为设计的关键参数，居住区内的人工瀑布落差宜在 1m以下。

跌水是呈阶梯式的多级跌落瀑布，其梯级宽高比宜在 3 : 2 ~ 1 : 1 之间，梯面宽度宜在 0.3 ~ 1.0m 之间。

(2) 溪流

溪流的形态应根据环境条件、水量、流速、水深、水面宽和所用材料进行合理的设计。溪流分为可涉入式和不可涉入式两种。可涉入式溪流的水深应小于 0.3m，以防止儿童溺水，同时水底应做防滑处理。可供儿童嬉水的溪流，应安装水循环和过滤装置。不可涉入式溪流宜种养适应当地气候条件的水生动植物，增强观赏性和趣味性。

(3) 生态水池／涉水池

生态水池是适于水下动植物生长，又能美化环境、调节小气候供人观赏的水景。在居住区里的生态水池多饲养观赏鱼虫和习水性植物（如鱼草、芦苇、荷花、莲花等），营造动物和植物互生互养的生态环境。

涉水池可分为水面下涉水和水面上涉水两种。

水面下涉水主要用于儿童嬉水，其深度不得超过0.3m，池底必须进行防滑处理，不能种植苔藻类植物。水面上涉水主要用于跨越水面，应设置安全可靠的踏步平台和踏步石（汀步），面积不小于0.4m×0.4m，并满足连续跨越的要求。上述两种涉水方式应设水质过滤装置，保持水的清洁，以防儿童误饮池水。

3. 泳池水景

泳池水景以静为主，营造一个让居住者在心理和体能上的放松环境，同时突出人的参与性特征（如游泳池、水上乐园、海滨浴场等）。居住区内设置的露天泳池不仅是锻炼身体和游乐的场所，也是邻里之间的重要交往场所。泳池的造型和水面也极具观赏价值（图6-16）。

图6-16 泳池

4. 装饰水景

装饰水景不附带其他功能，起到赏心悦目，烘托环境的作用，这种水景往往构成环境景观的中心。装饰水景是通过人工对水流的控制（如排列、疏密、粗细、高低、大小、时间差等）达到艺术效果，并借助音乐和灯光的变化产生视觉上的冲击，进一步展示水体的活力和动态美，满足人的亲水要求。

喷泉是完全靠设备制造出的水量，对水的射流控制是关键环节，采用不同的手法进行组合，会出现多姿多彩的变化形态。

倒影池的设计首先要保证池水一直处于平静状态，尽可能避免风的干扰。其次是池底要采用黑色和深绿色材料铺装（如黑色塑料、沥青胶泥、黑色面砖等），以增强水的镜面效果。

6.5.5　景观建筑要素

是住区中重要的交往空间，是居民户外活动的集散点，既有开放性，又有遮蔽性。主要包括亭、廊、棚架、膜结构等。应以邻近居民主要步行活动路线布置，易于通达。并作为一个景观点在视觉效果上加以认真推敲，确定其体量大小。

1. 亭

亭（图6-17）是供人休息、遮阴、避雨的建筑，个别属于纪念性建筑和标志性建筑。亭的形式、尺寸、色彩、题材等应与所在居住区景观相适应、协调。亭的高度宜在2.4～3m，宽度宜在2.4～3.6m，立柱间距宜在3m左右。其中木制凉亭应选用经过防腐处理的耐久性强的木材。

图6-17　亭

2. 棚架

棚架（图6-18）有分隔空间、连接景点、引导视线的作用，由于棚架顶部由植物覆盖而产生庇护作用，同时减少太阳对人的热辐射。有遮雨功能的棚架，可局部采用玻璃和透光塑料覆盖。适用于棚架的植物多为藤本植物。

图6-18　棚架

3. 廊

图6-19　廊（也有棚架的特征）

廊（图6-19）以有顶盖为主，可分为单层廊、双层廊和多层廊。廊具有引导人流，引导视线，连接景观节点和供人休息的功能，其造型和长度也形成了自身有韵律感的连续景观效果。廊与景墙、花墙相结合增加了观赏价值和文化内涵。

廊的宽度和高度设定应按人的尺度比例关系加以控制，避免过宽过高，一般高度宜在 2.2 ~ 2.5m 之间，宽度宜在 1.8 ~ 2.5m 之间。居住区内建筑与建筑之间的连廊尺度控制必须与主体建筑相适应。

4. 膜结构

张拉膜结构由于其材料的特殊性，能塑造出轻巧多变、优雅飘逸的建筑形态。

作为标志建筑，应用于居住区的入口与广场上；作为遮阳庇护建筑，应用于露天平台、水池区域；作为建筑小品，应用于绿地中心、河湖附近及休闲场所。

联体膜结构可模拟风帆海浪形成起伏的建筑轮廓线。

本教学单元小结

本单元介绍了居住区绿地景观规划设计的概念、原则及基本结构；居住区各类绿地及景观要素的设计要点，是对居住区绿地景观规划设计一个基本的引领。若要真正将居住区绿地景观的规划设计掌握运用自如，还需要多阅读资料，分析案例，动手抄绘等。在具体设计中，还需要遵守相关规范。

课后思考

1. 居住区绿地的分级及指标。
2. 居住区绿地景观结构。
3. 简述居住区各类绿地的设计要点。
4. 简述居住区各类景观要素的设计要点。
5. 居住区绿地景观实例解析。

7

教学单元 7　居住区竖向规划设计

教学目标

帮助学习者建立立体的空间思维，认识到地形的竖向基础与处理对于规划设计的重要性；能够准确高效地对地形进行设计利用改造，以便为各类建设提供良好的场地基础。

7.1 居住区竖向规划设计的作用及规划原则

7.1.1 竖向规划设计作用

居住区建设用地的自然地形往往不能满足建筑物、构筑物对场地布置的要求，在场地设计过程中必须进行场地的竖向规划设计，将场地地形进行竖直方向的调整。竖向规划与平面布置、空间环境、管线规划之间关系密切。经过竖向设计与改造的场地，应适宜建筑布置和排水，达到功能合理、技术可行、造价经济和景观优美的要求。

7.1.2 竖向规划设计的原则

充分挖掘场地潜力以节约用地；

合理利用地形地貌，减少土方工程量；

合理确定各种场地的适用坡度，避免过度修整；

满足各类管线的埋设要求；

避免土壤受冲刷；

有利于建筑布置与空间环境的设计；

对外联系道路的高程应与城市道路标高相衔接。

7.2 居住区竖向规划设计的内容

1. 研究地形的利用与改造；

2. 考虑地面排水组织；

3. 确定建筑、道路、场地、绿地及防护工程、其他设施的地面设计标高；

4. 计算土方工程量。

7.2.1 设计地面形式

将自然地面加以适当改造，使其能满足使用要求的地形，称作设计地形。设计地形按其整平连接形式，可分为三种形式（图7-1、图7-2）：

1. 平坡式：把用地处理成一个或几个坡向的整平面，坡度和标高均无大的变化。

2. 台阶式：由几个标高差较大的不同整平面连接而成，连接处设挡土墙或护坡。

3. 混合式：即平坡和台阶混合使用。

而在地形复杂的地区，除了上述方面，还要考虑尊重生态环境、节约土石方，创造空间特色。

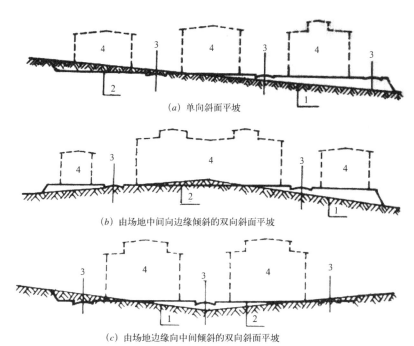

(a) 单向斜面平坡

(b) 由场地中间向边缘倾斜的双向斜面平坡

(c) 由场地边缘向中间倾斜的双向斜面平坡

图 7-1 平坡式
1. 自然地面
2. 设计地面
3. 道路
4. 建筑物

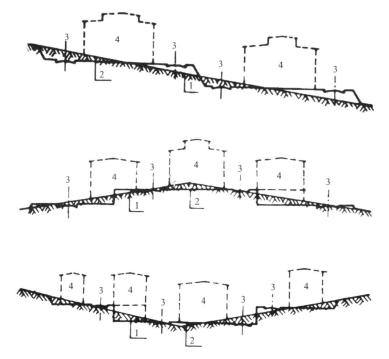

图 7-2 台阶式
1. 自然地面
2. 设计地面
3. 道路
4. 建筑物

7.2.2　设计地面连接形式的选择

一般情况下，自然地形坡度小于 3%，宜选用平坡式；自然地形坡度较大时，则采用台阶式；但当场地长度超过 500m 时，虽然自然地形坡度小于 3%，也可采用台阶式。

选择设计地面连接形式，要综合考虑以下因素：

1. 自然地形的坡度大小；
2. 建筑物的使用要求及运输联系；
3. 场地面积大小；
4. 土石方工程量多少等。

7.3　各竖向设计要素的设计要求

7.3.1　基地、道路与建筑

1. 基地

建筑基地用地标高：用地不被水淹，雨水能顺利排除，设计标高至少要高出设计洪水位 0.5m。

建筑基地地面坡度：不应小于 0.2%，地面坡度大于 8% 时宜分成台地，台地连接处应设挡墙或护坡。

2. 道路

道路中心标高：一般比建筑室内地坪低 0.25 ～ 0.3m，道路最小纵坡为 0.3%。

一般情况，建筑物底层地面应高出室外地面至少 0.15m。

基地机动车道的纵坡不应小于 0.2%，亦不应大于 8%，其坡长不应大于 200m，在个别路段可不大于 11%，坡长不应大于 80m；在多雪严寒地区不应大于 5%，其坡长不应大于 600m；横坡坡度应为 1%～ 2%。

基地非机动车道的纵坡不应小于 0.2%，亦不应大于 3%，其坡长不应大于 50m；在多雪严寒地区不应大于 2%，其坡长不应大于 100m；横坡坡度应为 1%～ 2%。

基地步行道的纵坡不应小于 0.2%，亦不应大于 8%，多雪严寒地区不应大于 4%，横坡坡度应为 1%～ 2%。

基地内人流活动的主要地段，应设置无障碍人行道。

3. 建筑

室内标高：防止室外的水流进室内，并有利于室内排水，且与室外交通良好衔接。

室内外高差：当建筑有进车道时，高差一般为 0.15m；且进车道应由建筑物向外倾斜；无进车道时，室内外高差为 0.45 ～ 0.6m，可以在 0.3 ～ 0.9m 内变动。

建筑物至道路的地面排水坡度：最好在 1%～ 3% 之间，一般允许在 0.5%～ 6% 范围内变动。

7.3.2 场地排水

在设计标高中考虑不同场地的坡度要求，为场地排水组织提供条件。根据场地地形特点和设计标高，划分排水区域，并进行场地的排水组织。排水方式一般分为暗管排水和明沟排水两种。

1. 暗管排水

用于地势较平坦的地段，道路低于建筑物标高并利用雨水口排水。雨水口每个可负担 $0.25\sim0.5hm^2$ 汇水面积，多雨地区采用低限，少雨地区采用高限。

雨水口间距和道路纵坡有关，见表 7-1。

雨水口间距   表7-1

道路纵坡（%）	雨水口间距（m）
<1	30
1～3	40
4～6	50～60
6～7	60～70
>7	80

2. 明沟排水

用于地形较复杂的地段，如建筑物标高变化较大、道路标高高于建筑物标高的地段、埋设地下管道困难的岩石地基地段，山坡冲刷泥土易堵塞管道的地段等。明沟纵坡一般为 0.3%～0.5%。明沟断面宽度 400～600mm，高500～1000mm。明沟边距离建筑物基础不应小于 3m，距离围墙不小于 15m，距离道路边护脚不小于 0.5m。

7.3.3 挡土设施

1. 挡土墙

挡土墙（图 7-3）是主要承受土压力，防止土体塌滑的墙式构筑物，多用砖、毛石、混凝土建造。当设计地面与自然地形有一定高差时，或处在不良地质处，或者易受水流冲刷，导致坍塌滑动的边坡，当采用一般铺砌护坡不能满足防护要求时，或者用地受限制地段，宜设置挡土墙。

2. 边坡和护坡

（a）仰斜墙   （b）垂直墙   （c）俯斜墙

图 7-3 挡土墙形式

边坡（图7-4）：是一段连续的斜坡面，为保证土体和岩石的稳定，斜坡面必须具有稳定的坡度，称为边坡坡度，一般用高宽比表示。

护坡：是为防止边坡受冲刷，在坡面上所做的各种铺砌和栽植的统称。

3. 建筑物与边坡或挡土墙的距离要求

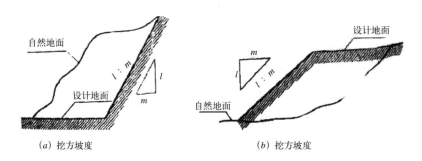

（a）挖方坡度　　　　　　　　　（b）挖方坡度　　　　　图7-4　边坡形式

高度大于2m的挡土墙和护坡的上缘与建筑间水平距离不应小于3m，其下缘与建筑间的水平距离不应小于2m（《城市用地竖向规划规范》CJJ 83—99）。

挡土墙和护坡上、下缘距离建筑2m，亦可满足建筑物散水、排水沟及边缘种植槽的宽度要求。但上下缘有所不同的是上缘与建筑物距离还应包括挡土墙顶厚度（高差大于1.5m时，应在挡土墙或坡比值大于0.5的护坡顶面加设安全防护设施），种植槽应可种植乔木，至少应有1.2m以上宽度，故应保证3m。下缘种植槽仅考虑花草、小灌木和爬藤植物种植。

7.4　居住区竖向设计运作

7.4.1　竖向设计的表示方法

竖向设计的表示方法主要有设计标高法、设计等高线法和局部剖面法三种。一般来说，平坦场地或对室外场地要求较高的情况常用设计等高线法表示，坡地场地常用设计标高法和局部剖面法表示。但是居住区常用的有设计标高法和设计等高线法。

竖向设计图的内容及表现可以因地形复杂程度及设计要求有所不同，如坐标，若规划总平面图上已标明，可省略。竖向设计图也可结合在规划总平面图中表达，若地形复杂，在总平面图上不能清楚表达时，可单独绘制竖向设计图。

1. 设计标高法（又称高程箭头法）（图7-5）

操作原理：该方法根据地形图上所指的地面高程，确定道路控制点（起止点、交叉点）与变坡点的设计标高和建筑室内外地坪的设计标高，以及场地内地形控制点的标高，将其注在图上。设计道路的坡度及坡向，反映为以地面排水符号（即箭头）表示不同地段、不同坡面地表水的排除方向。

优点：规划设计工作量较小，且便于变动、修改。

缺点：是比较粗略，有些部位标高不明确。

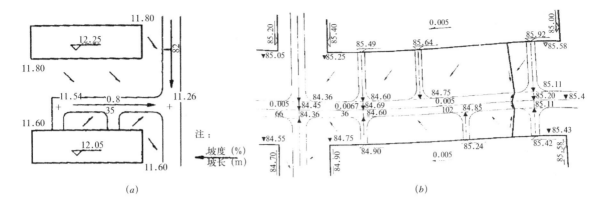

(a)

(b)

图 7-5 高程箭头法
(a) 实例一；
(b) 实例二

弥补方式：常在局部加设剖面。

操作步骤：

(1) 设计地面形式——根据地形和规划要求，确定设计地面适宜的平整形式，如平坡式、台阶式或混合式等。

(2) 竖向设计——要求标明道路中轴线控制点（交叉点、变坡点、转折点）的坐标及标高，并标明各控制点间的道路纵坡与坡长。一般先由居住区边界已确定的道路标高引入区内，并逐级向整个道路系统推进，最后形成标高闭合的道路系统。

(3) 地平标高设计——保证室外地面适宜的坡度，标明其控制点整平标高。

(4) 标高与建筑定位——根据要求标明建筑室内地平标高，并标明建筑坐标或建筑物与其周围固定物的距离尺寸，以对建筑物定位。

(5) 排水——用箭头法表示设计地面的排水方向，若有明沟，则标明沟底面的控制点标高、坡度及明沟的高宽尺寸。

(6) 墙、护坡——设计地平的台阶连接处标注挡土墙或护坡的设置。

(7) 图和透视图——在具有特征或竖向较复杂的部位，作出剖面图以反映标高设计，必要时作出透视图以表达设计意图。

2．设计等高线法（图 7-6）

操作原理：是用等高线表示设计地面、道路、广场、停车场和绿地等的

图 7-6 设计等高线法
(a) 实例一；
(b) 实例二

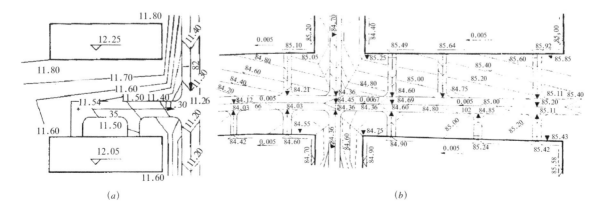

(a)

(b)

地形设计情况。设计等高线，是将相同设计标高点连接而成，并使其尽量接近原自然等高线，以节约土石方量。

优点：便于土石方量的计算、容易表达设计地形和原地形的关系、便于检查设计标高的正误，适用于地形较复杂的地段或山坡地。表达地面设计标高清楚明了，能较完整表达任何一块设计用地的高程情况。

缺点：工作量较大且图纸因等高线密布读图不便。

弥补方式：实际操作可适当简略，如室外地平标高可用标高控制点来表示。

操作步骤：设计等高线法操作步骤与设计标高法基本一致，只是在表达形式上有所差异，设计标高法用标高和箭头表达竖向设计，设计等高线法则用设计标高和设计等高线表达竖向设计。

3. 局部剖面法

该方法可以反映重点地段的地形情况，如地形的高度、材料的结构、坡度、相对尺寸等，用此方法表达场地总体布局时台阶分布、场地设计标高及支挡构筑物设置情况最为直接。对于复杂的地形，必须采用此方法表达设计内容。

7.4.2 竖向设计图纸内容

竖向设计应说明设计依据，如城市道路和管道的标高、工艺要求、运输、地形、排水、供水位等情况以及土石方平衡、取土或弃土地点、场地、平整方法等。还应说明竖向布置方式（平坡式或台阶式），地表水排除方式（明沟或暗沟系统）等。如采用明沟系统，还应阐述其排放地点的地形、高程等情况。

竖向布置图应包括以下几方面：

1. 场地施工坐标图、坐标值。

2. 建筑物、构筑物名称（或编号）、室内外设计标高。

3. 场地外围的道路、铁路、河渠或地面的关键标高。

4. 道路、铁路、排水沟的起点、变坡点、转折点和终点等设计标高。

5. 用坡向箭头表示地面坡向。

6. 指北针。

7. 说明栏内：尺寸单位、比例、高程系统名称等。

本教学单元小结

本单元介绍了居住区竖向规划设计的基本概念、设计内容及各竖向要素的设计要求，并就竖向设计的运作方法进行了阐述。居住区竖向规划设计是一项很复杂的知识，但是对于高职院校的学生，我们还是大胆的省略了部分深度较深的内容，比如土石方的计算，只要学生心里有一个大概的土石方基本平衡的概念，就不会相差太大。但是就保留内容，学生们必须熟练掌握。否则规划设计出来的图纸，只是一张平面而已，无法落实到修建上。

课后思考

1. 居住区竖向规划设计的原则及内容。
2. 地面设计有哪三种形式。
3. 简述各竖向设计要素的设计要求。
4. 简述竖向设计的三种表示方法。
5. 居住区竖向规划设计的图纸要求。
6. 试根据实例画出关键的竖向设计剖面图。

居住区规划设计

8

教学单元8 居住区规划设计的相关指标

教学目标

了解居住区各类用地划分标准，掌握居住区综合技术经济指标的计算方法，理解各项技术经济指标对居住区整体居住环境的影响。

城市居住区规划设计指标通常分为居住区用地指标和居住区综合技术经济指标两大类。

8.1 居住区用地平衡指标

8.1.1 居住区用地平衡控制指标及其作用

根据国标《城市居住区规划设计规范》GB 50180—93（2002 年版）的规定，居住区用地平衡表内容见表 8-1。住宅区用地平衡控制指标主要是指居住区的总用地和各类用地的分项指标，主要反映土地使用的合理性与经济性，内容见表 8-2。

居住区用地平衡   表8-1

项目		面积（公顷）	所占比例（%）	人均面积（m²/人）
一、居住区用地		▲	100	▲
1.	住宅用地	▲	▲	▲
2.	公建用地	▲	▲	▲
3.	道路用地	▲	▲	▲
4.	公共绿地	▲	▲	▲
二、其他用地		△	—	—
居住区规划总用地		△	—	—

注："▲"为参与居住区用地平衡的项目；"△"为不参与居住区用地平衡但计入居住区规划总用地的项目。

居住区用地平衡控制指标（%）   表8-2

用地构成	居住区	小区	组团
1.住宅用地	50～60	55～65	70～80
2.公建用地	15～25	12～22	6～12
3.道路用地	10～18	9～17	7～15
4.公共绿地	7.5～18	5～15	3～6
居住区用地	100	100	100

《城市居住区规划设计规范》GB 50180—93，（2002 年版）表示居住区用地所包含的住宅用地、公建用地、道路用地和公共绿地，并且这四类用地之间存在一定的比例关系。但在《城市用地分类与规划建设用地标准》（2011 版）GB 50137—2011 规定居住用地中的小类中只包含住宅用地、服务设施用地二

类，同时明确服务设施用地不包括中小学用地，内容见表8-3。针对这个现行规范中的冲突，我们从以下几个方面指导规划设计。

1. 规范使用层面不同。《城市建设用地分类和代码》是在新的城市建设形式下，为了满足城市控制性详细规划设计的变化而制定的新规范。《城市居住区规划设计规范》GB 50180—93（2002年版）是针对城市专项设计中的城乡住区规划制定的。

2. 评价细则不同。《城市居住区规划设计规范》GB 50180—93（2002年版）中用地平衡表的配置情况可以反映居住区内的各类用地所占比例，掌握功能特征，反映居住区的生活质量情况。同时进行多种方案的综合比较、分析调整，也是行政机关审批设计方案用地配置的经济性、合理性的重要依据。《城市建设用地分类和代码》则是要求居住区规划设计时，必须配备相应的公益性服务设施。

城市建设用地分类和代码 表8-3

类别代码			类别名称	内容
大类	中类	小类		
R			居住用地	住宅和相应服务设施的用地
	R1		一类居住用地	设施齐全、环境良好，以低层住宅为主的用地
		R11	住宅用地	住宅建筑用地及其附属道路、停车场、小游园等用地
		R12	服务设施用地	居住小区及小区级以下的幼托、文化、体育、商业、卫生服务、养老助残设施等用地，不包括中小学用地
	R2		二类居住用地	设施齐全、环境良好，以多、中、高层住宅为主的用地
		R21	住宅用地	住宅建筑用地（含保障性住宅用地）及其附属道路、停车场、小游园等用地
		R22	服务设施用地	居住小区及小区级以下的幼托、文化、体育、商业、卫生服务、养老助残设施等用地，不包括中小学用地
	R3		三类居住用地	设施较欠缺、环境较差，以需要加以改造的简陋住宅位置的用地，包括危房、棚户区、临时住宅用地
		R31	住宅用地	住宅建筑用地及其附属道路、停车场、小游园等用地
		R32	服务设施用地	居住小区及小区级以下的幼托、文化、体育、商业、卫生服务、养老助残设施等用地，不包括中小学用地

8.1.2 各项用地界线划分的技术性规定

根据《城市居住区规划设计规范》GB 50180—93（2002年版）的规定，各项用地的界线划分和计算遵照以下判定标准：

1. 居住区用地范围的确定

居住区以道路为界时，如属城市干道或公路，则以道路红线为界，如属居住区干道时，以道路中心线为界；与其他用地相邻时，以用地边界线为界；与天然障碍物或人工障碍物相毗邻时，以障碍物地点边线为界；居住区内的非居住用地或居住区级以上的公共建筑用地应扣除。

2. 规划总用地范围应按下列规定确定：

（1）当规划总用地周界为城市道路、居住区（级）道路、小路或自然分界线时，用地范围划至道路中心线或自然分界线；

（2）当规划总用地与其他用地相邻，用地范围划至双方用地的交界处。

3. 住宅用地范围的确定

以居住区内部道路红线为界，宅前宅后小路属住宅用地；如住宅与公共绿地相邻，没有道路或其他明确界线时，通常在住宅的长边以住宅的1/2高度计算，住宅的两侧一般按3～6m计算；与公共服务设施相邻的，以公共服务设施的用地边界为界；如公共服务设施无明确的界限时，则按住宅的要求进行计算。

4. 公共服务设施用地范围的确定

有明确用地界线的公共服务设施按基地界线划定，无明确界限的公共服务设施，可按建筑物基底占用土地及建筑四周实际所需利用的土地划定界限。

5. 住宅底层为公共服务设施时用地范围的确定

当公共服务设施在住宅建筑底层时，将其建筑基底及建筑物周围用地按住宅和公共服务设施项目各占该幢建筑总面积的比例分摊，并分别计入住宅用地或公共服务设施用地内；当公共服务设施突出于上部住宅或占有专用场地与院落时，突出部分的建筑基底、因公共服务设施需要后退红线的用地及专用场地的面积均应计入公共服务设施用地内。

6. 道路用地范围的确定

城市道路一般不计入居住区的道路用地，居住区道路作为居住区用地界线时，以道路红线的一半计算；小区道路和住宅组团道路按道路路面宽度计算，其中包括人行便道；公共停车场、回车场以设计的占地面积计入道路用地，宅前宅后小路不计入道路用地；公共服务设施用地界限外的人行道和车行道均按道路用地计算，属于公共服务设施专用的道路不计入道路用地。

7. 公共绿地范围的确定

公共绿地指规划中确定的居住区公园、小区公园、住宅组团绿地，不包括住宅日照间距之内的绿地、公共服务设施所属绿地和非居住区范围内的绿地。宅旁绿地、院落式组团绿地、开敞式组团绿地的用地界线的划定参照图8-1（a）、8-1（b）、8-1（c）。

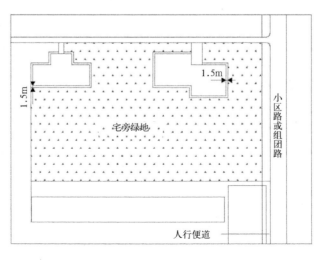

图8-1（a）宅旁（宅间）绿地的用地界线的划定

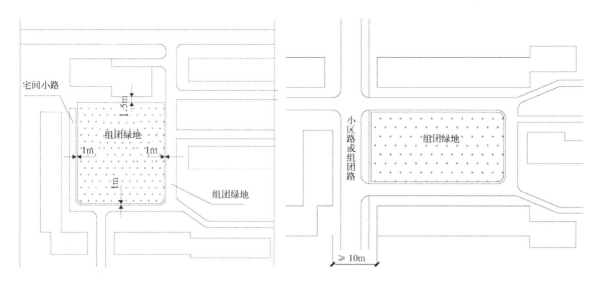

图 8-1 (b) 院落式组
团绿地的用地
界线的划定
(左)

图 8-1 (c) 开敞式组
团绿地的用地
界线的划定
(右)

8.2 综合技术经济指标

居住区综合技术经济指标主要是从量的方面衡量和评价规划质量及其综合效益。

8.2.1 居住区综合技术经济指标

居住区综合技术经济指标的项目应包括必要指标和可选用指标两类，其项目及计量单位应符合表 8-4。

综合技术经济指标系列一览表　　　　表8-4

序号	项目	计量单位	数值	所占比重 (%)	人均面积 (m²/人)
1	居住区规划总用地	hm²	▲	—	—
2	1.居住区用地	hm²	▲	100	▲
3	①住宅用地	hm²	▲	▲	▲
4	②公建用地	hm²	▲	▲	▲
5	③道路用地	hm²	▲	▲	▲
6	④公共绿地	hm²	▲	▲	▲
7	2.其他用地	hm²	▲	—	—
8	居住户（套）数	户（套）	▲	—	—
9	居住人数	人	▲	—	—
10	户均人口	人/户	▲	—	—
11	总建筑面积	万m²	▲	—	—
12	3.居住区用地内建筑总面积	万m²	▲	100	▲

序号	项目	计量单位	数值	所占比重 (%)	人均面积 (m²／人)
13	①住宅建筑面积	万m²	▲	▲	▲
14	②公建面积	万m²	▲	▲	▲
15	4.其他建筑面积	万m²	△	—	—
16	住宅平均层数	层	▲	—	—
17	高层住宅比例	%	△	—	—
18	中高层住宅比例	%	△	—	—
19	人口毛密度	人/hm²	▲	—	—
20	人口净密度	人/hm²	△	—	—
21	住宅建筑套密度（毛）	套/hm²	▲	—	—
22	住宅建筑套密度（净）	套/hm²	▲	—	—
23	住宅建筑面积毛密度	万m²/hm²	▲	—	—
24	住宅建筑面积净密度	万m²/hm²	▲	—	—
25	居住区建筑面积毛密度（容积率）	万m²/hm²	▲	—	—
26	停车率	%	▲	—	—
27	停车位	辆	▲	—	—
28	地面停车率	%	▲	—	—
29	地面停车位	辆	▲	—	—
30	住宅建筑净密度	%	▲	—	—
31	总建筑密度	%	▲	—	—
32	绿地率	%	▲	—	—
33	拆建比	—	△	—	—

注：▲必要指标；△选用指标。

以下为技术经济指标计算公式：

（1）住宅平均层数

即指各种住宅层数的平均值。住宅总建筑面积与住宅基底总面积的比值。

算式：住宅平均层数（层）＝住宅总建筑面积／住宅基底总面积

（2）高层住宅比例（≥10层）

即高层住宅总建筑面积与住宅总建筑面积的比率（%）。

算式：高层住宅比例＝[高层住宅总建筑面积（m²）／住宅总建筑面积（m²）]×100%

（3）中高层住宅比例（7～9层）

即中高层住宅总建筑面积与住宅总建筑面积的比率（%）。

算式：中高层住宅比例＝[中高层住宅总建筑面积（m²）／住宅总建筑面积（m²）]×100%

（4）人口毛密度

即每公顷居住区用地上容纳的规划人口数量。

算式：人口毛密度（人/hm²）=规划总人口（人）/居住区用地面积（hm²）

（5）人口净密度

即每公顷住宅用地上容纳的规划人口数量。

算式：人口净密度（人/hm²）=规划总人口（人）/住宅用地面积（hm²）

（6）住宅建筑套毛密度

即每公顷居住区用地拥有的住宅建筑套数。

算式：住宅建筑套毛密度（套/hm²）=住宅总套数（套）/居住区用地面积（hm²）

（7）住宅建筑套净密度

即每公顷住宅用地上拥有的住宅建筑套数。

算式：住宅建筑套净密度（套/hm²）=住宅总套数（套）/住宅用地面积（hm²）

（8）住宅建筑面积毛密度

即每公顷居住区用地拥有的住宅建筑面积。

算式：住宅建筑面积毛密度（万m²/hm²）=住宅总建筑面积（万m²）/居住区用地面积（hm²）

（9）住宅建筑面积净密度

即每公顷住宅用地上拥有的住宅建筑面积。

算式：住宅建筑面积净密度（万m²/hm²）=住宅总建筑面积（万m²）/住宅用地面积（hm²）

（10）居住区建筑面积毛密度（容积率）

即每公顷居住区用地上拥有的各类建筑的总建筑面积。

算式：居住区建筑面积毛密度（万m²/hm²）=居住区总建筑面积（万m²）/居住区用地面积（hm²）

（11）停车率

即居住区内居民汽车的停车位数量与居住总户数的比率（%）。

算式：停车率=（居民停车位数/居住总户数）×100%

（12）地面停车率

即居住区内居民汽车的地面停车位数量与居住总户数的比率（%）。

算式：地面停车率=（居民地面停车位数/居住总户数）×100%

（13）住宅建筑净密度

即住宅建筑基地总面积与住宅用地面积比率（%）。

算式：住宅建筑净密度=[住宅建筑基底总面积（万m²）/住宅用地面积（hm²）]×100%

（14）总建筑密度

即居住区用地内各类建筑的基底总面积与居住区用地的比率（%）。

算式：总建筑密度=[总建筑基底总面积（万m²）/居住区用地面积（万m²）]×100%

(15) 绿地率

即居住区用地范围内各类绿地的总和占居住区用地的比率（%）。

算式：绿地率 =[绿地总面积（万 m^2）/居住区用地面积（万 m^2）] ×100%

(16) 拆迁比

即拆除的原有建筑总面积与新建的建筑总面积的比值。

算式：拆迁比 =[原有建筑总面积（万 m^2）/新建建筑总面积（万 m^2）] ×100%

8.2.2 规模指标

1. 居住人口规模

居住区规模用地、建筑与人口之间的基本数据存在一定关系，应符合表8-5。

人均居住区用地控制指标（m^2/人）　　　　　　　　　表8-5

居住规模	层数	建筑气候区划		
		Ⅰ、Ⅱ、Ⅵ、Ⅶ	Ⅲ、Ⅴ	Ⅳ
居住区	低层	33~47	30~43	28~40
	多层	20~28	19~27	18~25
	多层、高层	17~26	17~26	17~26
小区	低层	30~43	28~40	26~37
	多层	20~28	19~26	18~25
	中高	17~24	15~22	14~20
	高层	10~15	10~15	10~15
组团	低层	25~35	23~32	21~30
	多层	16~23	15~22	14~20
	中高层	14~20	13~18	12~16
	高层	8~11	8~11	8~11

注：本表各项指标按每户3.2人计算。

2. 建筑面积定额指标

住宅建筑面积定额指标按平均每人居住面积计算。2006年国务院37号文件《国务院办公厅转发建设部等部门关于调整住房供应结构稳定住房价格意见的通知》中提出"自2006年6月1日起，凡新审批、新开工的商品住房建设，套型建筑面积90平方米以下住房（含经济适用住房）面积所占比重，必须达到开发建设总面积的70%以上。"

公共服务设施的建筑面积由千人总指标和分类指标控制。指标控制数值详见表8-6。千人总指标是指每千居民拥有的各级公共服务设施的建筑面积和用地面积；分类指标主要是为了保证居住区各级、各类公共服务设施的容量与空间与之匹配。

居住规模 类别	居住区		小区		组团	
	建筑面积	用地面积	建筑面积	用地面积	建筑面积	用地面积
总指标	1668~3293	2172~5559	968~2397	1091~3835	362~856	488~1058
	(2228~4213)	(2762~6329)	(1338~2977)	(1491~4585)	(703~1356)	(868~1578)
教育	600~1200	1000~2400	330~1200	700~2400	160~400	300~500
医疗卫生（含医疗）	78~198	138~378	38~98	78~228	6~20	12~40
	(178~398)	(298~548)				
文体	125~245	225~645	45~75	65~105	18~24	40~60
商业服务	700~910	600~940	450~570	100~600	150~370	100~400
社区服务	59~464	76~668	59~292	76~328	19~32	16~28
金融邮电	20~30	25~50	16~22	22~34	—	—
	(60~80)				—	—
市政公用（含居民存车）	40~150	70~360	30~140	50~140	9~10	20~30
	460~820	500~960	400~720	450~760	350~510	400~550
行政管理及其他	46~96	37~72	—	—	—	—

注：1.居住区级指标含小区和组团级指标，小区级含组团级指标；

　　2.公共服务设施总用地的控制指标应符合表8-2规定；

　　3.总指标未含其他类，使用时应根据规划设计要求确定本类面积指标；

　　4.小区医疗卫生类未含门诊所；

　　5.市政公用类未含锅炉房，在采暖区应自选确定。

8.2.3　居住密度指标

居住密度是居住区环境质量和建设强度的量化控制评价指标之一，反映土地利用效率和技术经济效益建设强度。通常指单位用地面积上居民和住宅的密集程度。

人口密度：在同一用地内，人口密度过高，降低居住环境的质量，过低造成建设成本浪费。适宜的居住人口密度宜控制在300~800人/公顷。

住宅建筑套密度：在规划设计阶段能真实反映建成后居住区在人口容量方面对居住环境的影响。

建筑密度：建筑密度控制着土地利用效率，也就是控制着与容积率、绿地率息息相关的空地率。（空地率=1-建筑密度）

住宅建筑净密度：住宅建筑基底总面积与住宅用地面积比率。住宅建筑净密度越高，表示住宅建筑基底占地面积的比例越高，宅旁绿地面积越少。根据我国人多地少的基本国情，普遍存在建筑密度日趋增高的趋势，为了合理有效的规划居住空间，确保居住生活环境，对不同的地区、不同的层数的住宅建筑净密度作了详细的指标控制，详见表8-7。

住宅建筑净密度控制指标（%）   表8-7

住宅层数	建筑气候区划		
	Ⅰ、Ⅱ、Ⅵ、Ⅶ	Ⅲ、Ⅴ	Ⅳ
低层	35	40	43
多层	28	30	32
中高层	25	28	30
高层	20	20	22

注：混合层取两者的指标值作为控制指标的上、下限值。

建筑面积毛密度（容积率）：容积率体现和控制着居住区建筑总体的建设总指标，反映居住区用地中的经济合理性。因为对开发的经济效益、征地的数量等数值具有重要的控制作用，所以无论政府审批部门，还是开发建设部门均对此指标十分敏感。

住宅建筑面积净密度：是反映居住区环境质量的重要指标。住宅建筑面积净密度的决定因素有住宅的层数、居住面积标准和日照间距。由于居住区用地中，住宅用地具有一定的比例，因而在一定的住宅用地上，住宅建筑面积净密度高，该居住区的居住密度也相应高。反之，居住密度相应越低。居住区规划建设中提高密度可以最大可能地提高经济效益，所以为了保证居住环境质量，规范了住宅面积净密度最大值的控制指标，详见表8-8。

住宅建筑面积净密度控制指标（万m²/hm²）   表8-8

住宅层数	建筑气候区划		
	Ⅰ、Ⅱ、Ⅵ、Ⅶ	Ⅲ、Ⅴ	Ⅳ
低层	1.10	1.20	1.30
多层	1.70	1.80	1.90
中高层	2.00	2.20	2.40
高层	3.50	3.50	3.50

注：1.混合层取两者的指标值作为控制指标的上、下限值。
　　2.本表不计入地下层面积。

综上所述，各种密度指标是居住区规划设计中重要的量化控制与评价标准，而涉及密度指标的决定因素，归根到底就是住宅层数与日照间距之间的合理平衡。

8.2.4　环境质量指标

绿地率：绿地率反映居住区绿化土地的比率。新区建设不应低于30%，旧区改造不宜低于25%。

人均绿地：人均绿地面积反映绿地的使用强度情况。

停车率：为了适应快速发展的家庭汽车保有量，居住区居民停车率成为衡量居住配备条件是否宜人的主要判定标准之一。地面停车率不宜超过10%，停车率不应小于10%。停车率在现实的居住区规划设计时，实际需要远远超过这个标准，因此普通居住区停车率一般采用30% ~ 50%。

公共服务设施根据性质和规模的不同，配建相应数量的公共停车位，详见表8-9。

配建公共停车场（库）停车位控制指标　　　　　表8-9

名称	单位	自行车	机动车
公共中心	车位/100m²建筑面积	≥7.5	≥0.45
商业中心	车位/100m²营业面积	≥7.5	≥0.45
集贸市场	车位/100m²营业场地	≥7.5	≥0.30
饮食店	车位/100m²营业面积	≥3.6	≥0.30
医院、门诊所	车位/100m²建筑面积	≥1.5	≥0.30

注：本表机动车停车车位以小型车位标准当量表示。其他各型车辆停车位的换算办法，应符合《城市居住区规划设计规范》GB 50180—93（2002年版）中第11章中有关规定。

8.3 案例分析

某Ⅰ号建筑气候地区内，某居住小区居住建设用地561737.49平方米，以下为控制性详细规划要求，其中建筑控制高度100米，容积率为2.0 ~ 2.2以内，建筑密度不大于30%，绿地率不小于40%，根据以上提供规划条件，进行居住区规划设计，并且计算出综合技术经济指标，详见图8-2。

本方案依据当地地段控规、国家及当地规范布置商业，和相应的配套公建，方便居民的使用。按照《×××市城市规划管理条例》退界，居住建设用地北侧预留30米市政道路。基地位置：项目位于×××市××区规划32路以东，规划133路以西、三环路以南、规划160路以北围合的区域。基地总规划面积808548.30m²，其中居住建设用地561737.49m²。其北侧至三环路为预留教育用地、商业与金融用地。根据规划条件分析，确定居住区规划方案，详见图8-3。

规划设计单位根据当地规划建设部门出具项目设计任务书进行计算的《居住用地总体技术经济指标》（项目实际选用指标）见表8-10；根据《城市居住区规划设计规范》GB 50180—93（2002年版）的规定，各项综合技术经济指标计算，居住建设用地地块总体技术经济指标（项目未选用指标），见表8-11、表8-12。

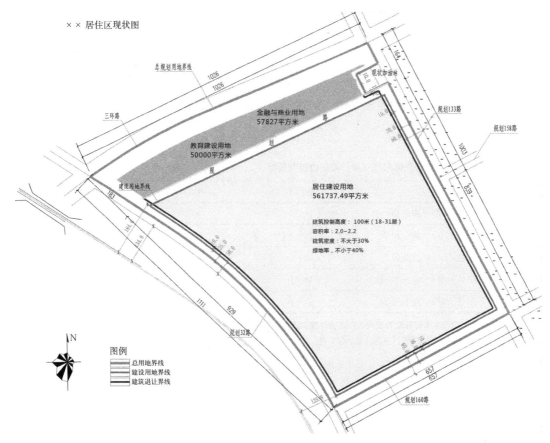

图 8-2 ××居住区现状图

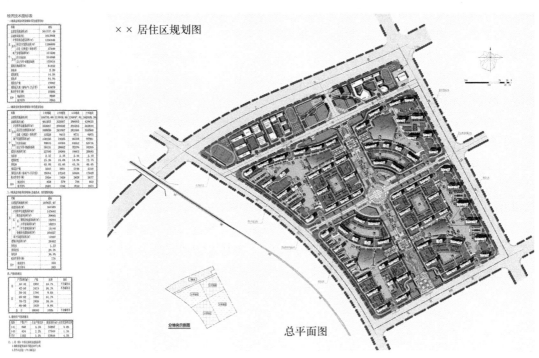

图 8-3 ××居住区规划图

表8-10

居住用地总体技术经济指标（项目实际选用指标）

名称		单位	数量	计算公式	备注
居住区用地面积		平方米（m²）	561737.49	测量数值	
总建筑面积		平方米（m²）	1613968	地上总建筑面积+地下室建筑面积	
计容积率总建筑面积（地上）		平方米（m²）	1236448	住宅建筑面积+公建（含配套）面积	
其中	住宅建筑面积	平方米（m²）	1198999	建筑单体提供	
	公建（含配套）面积	平方米（m²）	37449	建筑单体提供	
其中	地下室建筑面积	平方米（m²）	377520	地下汽车库+地下其他空间 244066+133454=377520	
	汽车库面积	平方米（m²）	244066	测量数值	
其中	自行车车库+储藏室面积	平方米（m²）	133454	测量数值	
建筑占地面积		平方米（m²）	81452	总建筑基底面积	
容积率			2.20	居住区总建筑面积（m²）/居住区用地面积 123648/561737.49=2.20	
建筑密度		%	14.5%	[总建筑基底面积（m²）/居住区用地面积（m²）] ×100% (81452/561737.49)×100%=14.5%	
绿化率		%	44.9%	[绿地总面积（m²）/居住区用地面积（m²）]×100%	
规划总户数		户	19962	住宅套数	
规划总人口（按每户3.2人计算）		人	63879	总户数×3.2人	
机动车停车		辆	10001	地面停车+地下停车	
其中	地面停车	辆	3028	露天地面停车场为25～30m²/停车位, 路边停车带16～20m²/停车位。	
	地下停车	辆	6973	室内停车库为30～35m²/停车位 244066÷35=6973	

居住区用地平衡表

表8-11

名称	单位	指标	计算公式	所占比例
居住区规划总用地	m²	561737.49	居住区用地+其他用地	
1.居住区用地	m²	561737.49	住宅用地+公建用地+道路用地+公共绿地	100%
①住宅用地 50%~60%	m²	308955.62		55%
②公建用地 15%~25%	m²	78643.24		14%
③道路用地 10%~18%	m²	73025.88		13%
④公共绿地 7.5%~18%	m²	101112.75		18%
2.其他用地	m²	0	—	

居住区技术经济指标

表8-12

名称	单位	指标	计算公式	所占比例
居住区规划总用地	m²	561737.49	居住区用地+其他用地	
居住人数	人	63879	居住户数×3.2人/户	
户均人口	人/户	3.2	—	
总建筑面积	m²	1613968	—	
1.居住区用地上建筑总面积	m²	1236448	住宅建筑面积+公建面积	
①住宅建筑面积	m²	1198999	—	
②公建面积	m²	37449	—	
2.其他建筑面积	m²	0	—	
住宅平均层数	层	28.9	住宅总建筑面积（m²）/住宅基底总面积（m²） 1198999/41487=28.9	
高层住宅比例	%	100%	[高层住宅总建筑面积（m²）/住宅总建筑面积（m²）]×100%	
中高层住宅比例	%	—	[中高层住宅总建筑面积（m²）/住宅总建筑面积（m²）]×100%	
人口毛密度	人/hm²	1137	规划总人口（人）/居住区用地面积（hm²） 63879/56.173749=1137	
人口净密度	人/hm²	2068	规划总人口（人）/住宅用地面积（hm²） 63879/30.895562=2068	

名称	单位	指标	计算公式	所占比例
住宅建筑套密度（毛）	套/hm²	355	住宅总套数（套）/居住区总用地面积（hm²）19962/56.173749=3.6	
住宅建筑套密度（净）	套/hm²	646	住宅总套数（套）/住宅用地面积（hm²）19962/30.895562=646	
住宅建筑面积毛密度	万m²/hm²	2.13	住宅总建筑面积（万m²）/居住区用地面积（hm²）119.8999/56.173749=2.13	
住宅建筑面积净密度	万m²/hm²	3.88	住宅总建筑面积（万m²）/住宅用地面积（hm²）119.8999/30.895562=3.88	
居住区建筑面积毛密度（容积率）	万m²/hm²	2.20	居住区总建筑面积（万m²）/居住区用地面积（hm²）123.6448/56.173749=2.20	
停车率	%	50.1%	（居民停车位数/居住总户数）×100% 10001/19962=50.1%	
停车位	辆	10001	地面停车位+地下停车位 3028+6973=10001	
地面停车率	%	15.2%	（居民地面停车位数/居住总户数）×100% 3028/19962=15.2%	
地面停车位	辆	3028	—	
住宅建筑净密度	%	13.4	[住宅建筑基底总面积（万m²）/住宅用地面积（hm²）]×100% (4.1487/30.895562)×100%=13.4%	
总建筑密度	%	14.5%	[总建筑基底总面积（万m²）/居住区用地面积（万m²）]×100% (81452/561737.49)×100%=14.5%	
绿地率	%	44.9%	[绿地总面积（万m²）/居住区用地面积（万m²）]×100% 25.2220/56.173749=44.9%	
拆建比	%	—	[原有建筑总面积（万m²）/新建建筑总面积（万m²）]×100%	

本教学单元小结

本教学单元通过对基本概念讲解，对计算公式的分析，让学生理解技术经济指标的含义。同时着重分析影响居住区规划设计方案的重要的密度指标因素。利用真实案例的演示讲解，让学生掌握独立完成居住技术经济系列一览表。

课后思考

1. 居住区建筑面积毛密度（容积率）的影响因素有哪些？
2. 住宅建筑面积净密度与居住密度的关系？

9

教学单元 9　居住区规划设计成果的绘制与表达

教学目标

在居住区规划设计方案完成后，以手绘或者电脑出图的形式，通过对规划设计的绘制和表达的学习，让学生可以完整的表现出整个方案设计的内容和想法，从而达到完善整个规划设计的工作过程，了解居住区设计图纸的制作过程和方法。

9.1 居住区总平面图的绘制与表达

9.1.1 总平面图的内容

规划总平面图是表现设计中的建筑的平面形态和周边关系的总体情况的图纸，它是以规划方案的一种水平投影的形式出现的，具体应包括以下几个方面：

(1) 图例和名称。

(2) 建设用地红线、道路红线、建筑退让红线，以及建筑与各种红线的关系。

(3) 地块内建筑的屋顶平面、层数和标高，注明底层和室外地平面的绝对标高。

(4) 新建建筑的具体位置，总平面中应表示出新建建筑的具体位置的定位，定位方式有两种：第一种是利用和原有建筑或者道路的距离进行定位；第二种是给出新的施工坐标点，坐标点定位一般用于地形复杂的总图中。

(5) 道路和绿化。道路应标示出道路中心线、转弯地方的道路转弯半径以及地下车库的入口。绿化则要分清公共广场、宅前绿化和地上停车位。

(6) 消防平台和预留的消防通道。

(7) 地块内原有的建筑和其他因素。

(8) 周边和地块内的自然环境因素（包括河流、水塘和山川等）。

(9) 经济技术指标。多以表格的形式出现，包括建筑面积、建筑密度、容积率等。

(10) 指北针和风玫瑰图。

9.1.2 总平面图的图示规定和方法

(1) 总平面图是用水平正投影的方法绘制的，图形主要是以图例的形式表示，总平面图的图例采用《总图制图标准》GB/T 50103-2001规定的图例，画图时应严格执行该图例符号，如图中采用的图例不是标准中的图例，应在总平面图下面说明。

(2) 总图中的单位一般为米，一般取到小数点后两位。

(3) 在同一张图上，数字过多，可统一单位进行换算，并在附加说明中加以说明。

（4）总图中标注的标高应为绝对标高，如标注相对标高，应注明相对标高与绝对标高的换算关系。标高符号应按《房屋建筑制图统一标准》（GB/T50001-2001K）"标高"的有关规定标注。

（5）总图上的一些建筑的名称应直接标注在建筑物上，如名称过多，也可做个表格进行说明。

（6）建筑低层架空部分、地下建筑应用虚线表现出其范围。

（7）理论上总图应按照上北下南的方向绘制，如地形原因不便于此方式放置，则要突出指南针给予方向性的指引。

9.1.3 总平面图的 CAD 绘制步骤

一般情况 CAD 表达总平面分为 7 个步骤：

1. 地形处理

进行地形图的插入、描绘、整理等。接着插入指北针或风向频率玫瑰图。

2. 绘制各种控制线

绘制居住区建设用地边界线、道路红线、建筑红线。即通过绘制各个方向的控制线，确定总平面范围轮廓。

3. 绘制道路

首先创建小区主入口道路，小区道路，小区其他位置道路或组团道路。观察道路效果，对不合适的地方进行调整，完成道路绘制。创建广场及其铺装以及消防登高场地。根据地下室的布局情况，在相应的地面位置绘制地下车库入口造型。由于每个组团有地面停车位的要求，创建其他位置地面停车位轮廓造型。

4. 绘制建筑

根据前面的住宅建筑户型设计及其组合体设计，勾画出其外圈轮廓造型，在建筑控制线内布置住宅建筑。按照国家相关规范，在满足消防、日照等间距要求前提下，完成总平面中住宅建筑单体的绘制。然后对建筑总平面中住宅建筑位置进行调整，以取得比较好的总平面布局。绘制配套商业楼建筑造型轮廓。绘制其他配套建筑如会所、垃圾间和门房等的造型轮廓。

5. 绘制景观绿化

如果有水景首先创建水景环境景观，接下来按照前面的绿化设计创建不同的景观绿化效果。

6. 标注文字与尺寸

创建小区入口指示方向标志符号造型。标注各类建筑的名称、楼层数，以及住宅建筑的楼栋号，根据需要，标注相应位置的有关尺寸。进行标注图名及其他一些文字、尺寸、标高、坐标等操作。

7. 布总图

包括插入图框、调整图面等。

最后完成居住区总平面的 CAD 绘制（图 9-1）。

图 9-1 某 小 区 CAD
总平面图

9.1.4 总平面图的彩图绘制步骤

完成 CAD 线稿之后，小区规划的总图一般是以彩图的形式展现给其他人看的。绘制彩色平面要做到表达准确，不能因为追求好看漂亮就不顾总平面的真实性和准确性。以前绘制彩图多为手绘表达，由于计算机的发展现在多以采用计算机辅助绘制，其中 PS 就是最常用的软件之一。不论采用什么方式绘制，都应注意以下几点。

1. 底色最好用浅色，这样更容易凸显出其他重要元素的存在。

2. 绿化的绿色应增加变化，使画面更丰富，容易让人分清主次。

3. 道路和一些广场，色彩应选些灰色色调，避免导致主次颠倒。

4. 建筑的阴影要按照建筑的高度不同区分开，增加真实性。

图 9-2~ 图 9-4 是各种不同方式绘制出的总平面图。

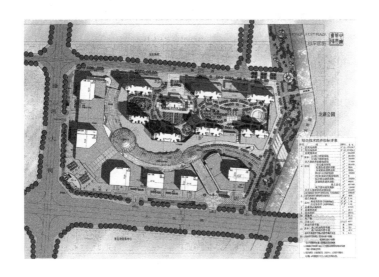

图 9-2 计算机软件绘
制的总平面

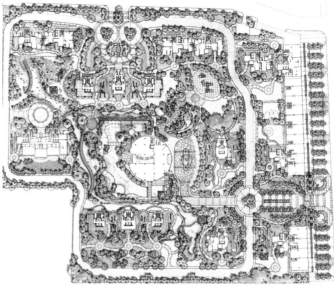

9.2 居住区分析图的绘制与表达

分析图具体是起什么作用？应该如何画？又该画些什么内容？在主观设计合理的基础上，我们首先要明确这几点，才能更好地表达自己的设计内容。

居住区分析图主要包括区位分析图、现状分析图、道路交通分析图、功能结构分析图、绿化景观分析图等几种。

1. 区位分析图（图9-5、图9-6）

区位分析所示应客观反映建设基地在城市中的位置以及与周边地区的关系，包括以下内容。

（1）地段位置：反映基地所在城市的行政区划和城市分区。

（2）周边重要道路交通关系：基地周边规划红线30m宽以上的城市干道、城市快速路、公路、高速公路、地铁、轻轨等对开发建设和交通组织有重要影

图9-3 手绘＋计算机辅助绘制的总平面（左）

图9-4 纯手绘的总平面（右）

图9-5 我国×市天瑞绿洲小区区位分析（左）

图9-6 我国×市中辉·城市广场区位分析（右）

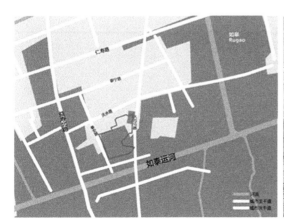

响的道路交通设施情况。

（3）周边大型公建、基础设施及重要开发建设项目：基地周边的城市级与居住区级的公共服务与基础设施及重要的开发建设项目。

2. 现状分析图

现状分析可分为基地周边现状分析和基地自身的现状分析两个大的方面，主要是为了了解基地周边环境，更好的凸显出规划设计和周边的关系，以便突出规划设计的重点。现状包括很多方面：自然资源、气候条件、地形地貌、老建筑的特点等。

3. 道路交通分析图（图 9-7 ~ 图 9-9）

道路分析主要分为城市干道分析（地块周边原有道路），和规划后小区道路分析。一个好的小区规划道路交通系统一定是合理的。道路分析应标明各道路的等级关系，便于以后施工和住户使用。其中消防通道的分析是必不可少的。

图 9-7 我国 × 市盛世钱塘居住区交通分析（左）

图 9-8 我国 × 市月湖湾交通分析图（右）

图 9-9 我国 × 市中辉·城市广场消防分析图

4. 功能结构分析图（图 9-10 ~ 图 9-12）

居住区规划设计的总体布局结构是否合理，是评价设计优劣的一条重要依据。功能结构分析图应全面明确地表达规划基地的各类用地功能分区关系、动静分区和社区构成，开放空间与封闭空间的关系，以及基地与周边的功能、空间的联系。

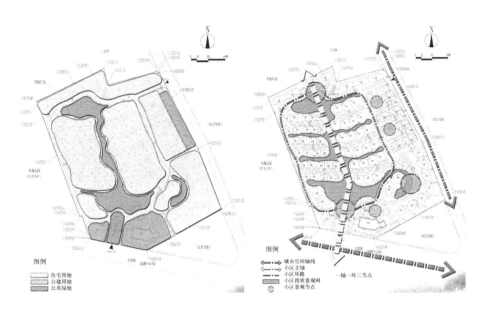

图 9-10　我国 × 市月湖湾用地功能分析图（左）

图 9-11　我国 × 市月湖湾结构分析图（右）

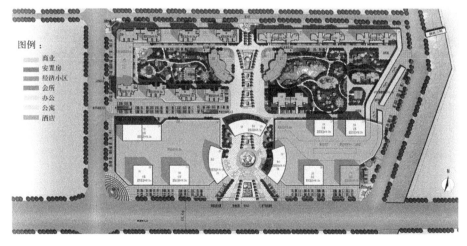

图 9-12　我国 × 市中辉·人民广场功能分析图

5. 绿化景观分析图（图 9-13 ~ 图 9-15）

绿化景观分析应明确地表示出居住区内各类型绿化的关系以及绿化对建筑的影响。对一个好的居住区规划来说，绿化景观设计的好坏直接关系到住户的生活质量。一般绿化分析的层次为点、线、面的互相影响。绿化景观的设计过程如果能展示出来，对整个景观的设计更具说服力。

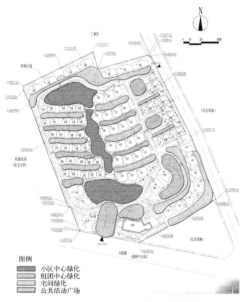

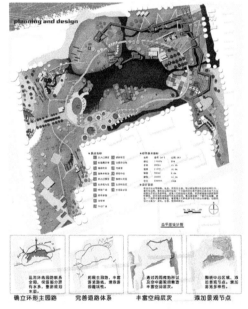

图 9-13 东莞月湖湾绿化分析图（上左）

图 9-14 宁海县跃龙街道某小区景观分
析图（上右）

图 9-15 景观设计过程分析图（下）

9.3 居住区户型图的绘制与表达

9.3.1 户型图的内容

（1）墙柱的位置、厚度。

（2）门窗的位置、宽度，门的开启方向。

（3）房间的形状、大小。

（4）家具布置及主要建筑设备如浴缸、洗面盆、炉灶、橱柜、便器、污
水池的空间位置等。

（5）内外交通及联系情况。

（6）各房间的用途或名称。

（7）尺寸。

（8）图名，比例。

9.3.2 户型图的绘制（图9-16～图9-18）

绘制户型图一般就是按照《房屋建筑制图统一标准》GB/T 50001—2001，并遵循上节说的顺序依次画完。但在图纸表达上为了更直观的表现户型的功能和流线布局，我们一般用彩色户型图。彩色户型图也分为手绘和电脑出图，具体方法和规划区功能布局相似，一般步骤为:填充墙体，房间填色和家具填色。彩色户型图绘制完成后还应配上文字说明或者户型透视图，可以给其他人（甲方或者住户）更直观的感受。

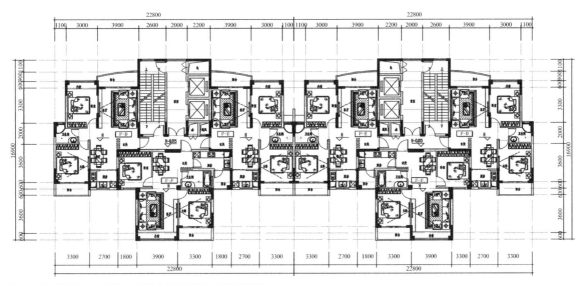

图 9-16 我国 × 市中辉·人民广场户型图（CAD 绘制）

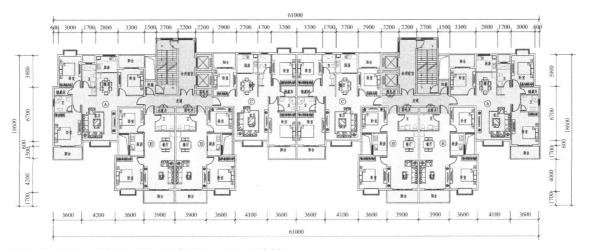

图 9-17 我国 × 市中辉·城市广场户型图（CAD+PS 绘制）

图 9-18 户型三维模拟图

(a)   (b)

9.4 居住区效果图的绘制与表达

效果图是直观地表现出居住区规划的三维空间的一种图纸，分为鸟瞰图和局部透视图。效果图要遵循真实性，准确性和艺术性三大原则。

9.4.1 鸟瞰图的绘制与表达（图 9-19、图 9-20）

鸟瞰图一般是以一种俯视的角度来展示规划的内容，相当于把总平面图3D化的呈现。传统上都是用钢笔淡彩的形式来表现，近年来计算机辅助的大范围应用，使得鸟瞰图的透视更加准确，材质表现更加清晰，更接近于现状照片。小区鸟瞰图在表现出地块内部的设计外，还应表现出周围环境情况，使得效果更加真实。

图 9-19 我国 × 市纯水岸小区鸟瞰图

图 9-20 我 国 × 市 天瑞绿洲小 区 鸟 瞰 图 (3Dmax+PS)

9.4.2 局部透视图的绘制与表达（图9-21、图9-22）

小区局部效果图的绘制目前手绘与计算机作图两种表现手法都比较常用，设计师可以根据自己的特长加以选择。绘制时注意透视视角的选择，一般当要表现的区域较大时，最好选择俯视角度；区域较小时，最好选择反映空间接近于人的真实感觉的二点透视。无论使用一点透视，还是两点透视或者是多点透视，都要求在比例上尽可能的准确地反映出小区的样子，注重近大远小，表现出层次感。

图 9-21 某小区透视 图(两点透视)

图 9-22 我国 × 市中
辉·城市广
场透视图（一
点透视）

9.5 居住区规划设计说明书

规划设计说明书是对设计进行解释与说明的文字材料，内容是分析现状、论证规划意图等，一般包含的内容有以下方面。

1. 区位分析

区位分析应表述出基地在城市中的位置及与周边地区的关系，包括以下内容。

(1) 地段位置。

(2) 周边重要道路交通关系。

(3) 周边大型公建、基础设施及重要开发建设项目。

2. 现状条件分析

现状分析应深入地反映基地的地理条件、土地利用、建设及保护制约条件等，包括以下内容：

(1) 基地的地形地貌、工程地质和水文地质。

(2) 土地利用现状。

(3) 建筑、道路、绿化、工程管线等基础设施。

(4) 历史文化名城、风景名胜保护。

(5) 重要城市设施（如机场、堤防）对用地的建设限制。

3. 规划总体设计

规划总体设计应提出规划总体设计的指导原则、总体构思的规划组织结构类型等，包括以下内容：

(1) 规划原则和总体构思。

(2) 规划用地布局。

(3) 规划路网和交通设施布局。

（4）规划建筑布局。

（5）规划场地布局。

（6）空间组织及环境设计。

4．道路交通规划

（1）道路规划。

（2）交通规划。

5．绿地系统规划及景观特色

（1）对基地中公共绿地、宅旁绿地、配套公建附属绿地和道路绿地等四类绿地规划布置。

（2）景观空间的设计特色。

6．公共服务设施和市政公用设施规划

（1）文化、教育、体育、医疗卫生、商业服务、金融、邮政、环境卫生、社会福利、行政管理等设施。

（2）供变电设施、电信设施、给水排水设施、垃圾及污水处理设施、煤气调压站等设施。

7．管线综合规划

（1）城市供水、排水、供电、供气、供热、电信、综合信息网及有线广播电视网等，地上、地下管网，线网、无线网等工程。

（2）污水处理等环保设施工程。

（3）城市防洪排涝设施工程。

（4）上述工程的附属设施、建（构）筑物等工程。

8．竖向规划

（1）复杂地形地貌的基地，原有地形地貌的利用。

（2）确定道路控制高程和进行土石方平衡等。

9．技术经济指标

一般应包括综合经济技术指标、户型表、工程量及投资估算。

本教学单元小结

本教学单元主要介绍了居住区规划设计成果的内容，包括图纸内容和文本内容。通过对居住区规划设计成果绘制和表达的学习，使学生可以完整的表现出整个方案设计的内容和想法。当然，表达所需要的技术技能，如手绘、计算机软件使用等等，还需要其他课程和课余练习的辅助。

课后思考

综合实训——完成居住区规划设计正式成果，图纸成果表现形式不限，图纸内容如下。

1. 总平面图 1 : 500 ~ 1 : 1000（重点表达建筑形态和环境设计）

（1）场地四邻原有规划道路的位置和主要建筑物及构筑物的位置、名称、层数。

（2）标明基地内的道路、景观及休闲设施的布置示意；小品、停车位和出入口的位置等。

（3）指北针或风玫瑰图。

2. 效果图

（1）总体鸟瞰图，模型照片（可选）。

（2）低点透视图（2个以上，主要节点空间、组团）。

3. 必要的反映方案特性的分析图（比例不限，要求表达清晰）

（1）区位分析图

（2）基地分析图

（3）功能空间结构分析图

（4）道路交通分析图

（5）绿化景观分析图

（6）消防分析图

（7）其他可表达规划设计构思的图纸

4. 住宅单体平面及立面 1 : 100 ~ 1 : 200（所有选用住宅单体平面，标注2道尺寸，2 ~ 3个住宅单体立面设计，每个单体2个立面。）

5. 户型放大图 :（至少四种户型）1 : 50

6. 设计说明与主要技术经济指标

7. 规划图纸要求 : 彩色 Al 图纸若干张，成果图 jpg 文件

8. 《建筑制图标准》(GBT 50104–20010)

10

教学单元 10　居住区规划设计案例分析

教学目标

从常用的分析角度出发，对三个典型案例进行规划设计分析，展现各个案例的优劣，以期对学生进行最后的综合设计有所帮助。

案例一：我国 × 市江广融合地区 780 地块居住区设计（图 10-1～图 10-14）

项目说明：

本项目位于江广融合核心区范围内，下阶段规划设计应符合《江广融合地区核心区城市设计》的规划要求，注重城市界面的打造，融合江广融合地区的都市核心、交通枢纽、水脉智城的形象（×× 建筑设计院设计）。

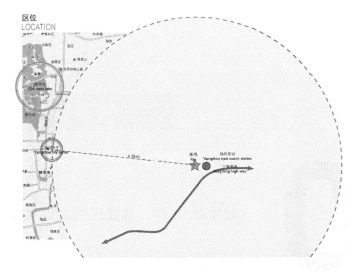

图 10-1 区位分析图

图 10-2 基地现状分析图

彩色总平面
COLOR MASTER PLAN

A、E 地块主要经济技术指标
Development data of site A&E

编号	项目			数量	单位	备注
1	规划用地面积			71122	m²	
2	总建筑面积			168277	m²	
	其中	地上总建筑面积		126913	m²	
		其中	住宅	122788	m²	
			商业	4125	m²	
		地下总建筑面积		41364	m²	
		其中	机动车库	32684	m²	
			住宅地下室	8680	m²	非机动车停住宅地下室
3	机动车位			1027	辆	0.8P/户，商业1P/100m²
	其中	地面停车		110	辆	
		地下停车		917	辆	
4	非机动车位			2304	辆	每户2个非机动车位
5	居住总户数			1152	户	
6	居住总人数			3225.6	人	按每户2.8人计算
7	户均人口数			2.8	人	
8	住宅套密度			328.74421	套/hm²	
9	容积率			1.8		
10	建筑密度			15.2%		
11	绿化率			36.6%		

A、E 地块户型配比
Housing type mix of site A&E

户型 Housing type	建筑面积 Floor area	套数 Quantity	合计 Subtotal	户型比例 Percentage
B1	109.52	114	12485.28	9.98%
C1	120.1	57	6845.70	16.10%
D1	138.19	57	7876.83	16.10%
B2	109.26	108	11800.08	9.38%
C2	118.58	108	12806.64	9.38%
A1	89.27	354	31601.58	30.73%
B3	111.22	354	39371.88	30.73%
TOTAL		1152	122787.99	80.21%

图 10-3 彩色总平面图（经济技术指标）

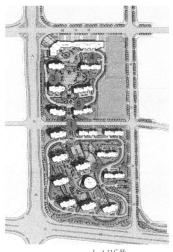

1. 入口广场
   ENTRANCE PLAZA
2. 小区主要步行道
   MAJOR PEDESTRIAN ROAD
3. 组团绿化
   CLUSTER LANDSCAPE
4. 儿童活动场地
   CHILDREN ACTIVITIES
5. 小区主要车行道
   MAJOR ROAD

图 10-4 景观意向图

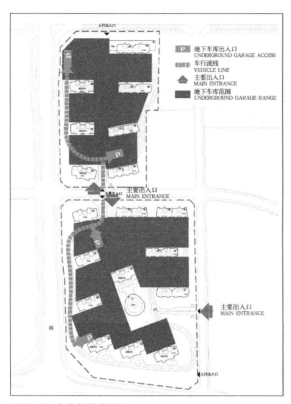

图 10-5 车流交通分析图

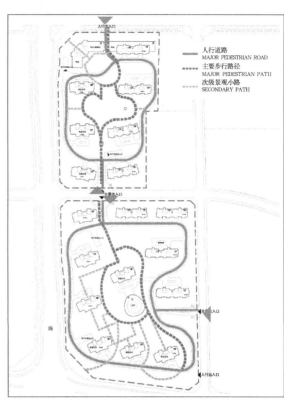

图 10-6 人流分析图

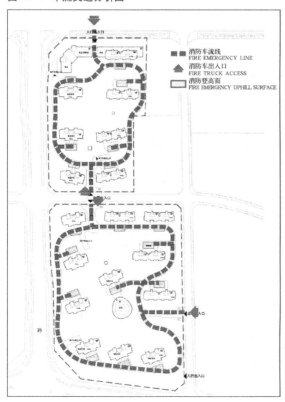

图 10-7 消防流线分析图

图 10-8 景观绿地规划分析图

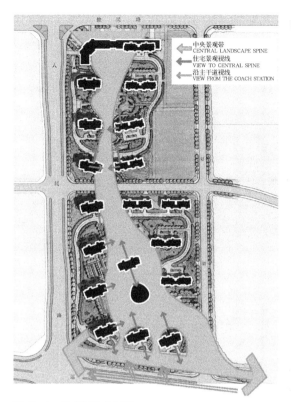

图 10-9　景观视线分析图

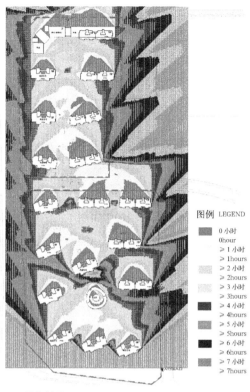

图例 LEGEND

	0 小时 0hour
	≥ 1 小时 ≥1hours
	≥ 2 小时 ≥2hours
	≥ 3 小时 ≥3hours
	≥ 4 小时 ≥4hours
	≥ 5 小时 ≥5hours
	≥ 6 小时 ≥6hours
	≥ 7 小时 ≥7hours

图 10-10　日照分析图

户型	套内面积	公摊面积	建筑面积	使用率（得房率）
B2	94.36	14.90	109.26	86.36%
C2	102.41	16.17	118.58	
合计	196.77	31.09	227.86	
平均标准层建筑面积			227.86	

图 10-11　户型填色平面（户型技术指标）

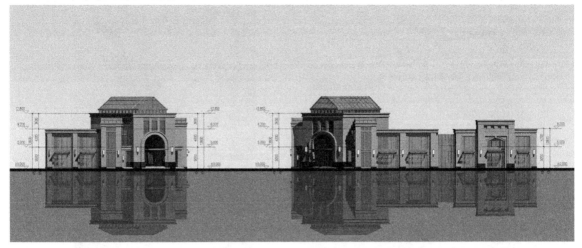

图 10-12　建筑立面图

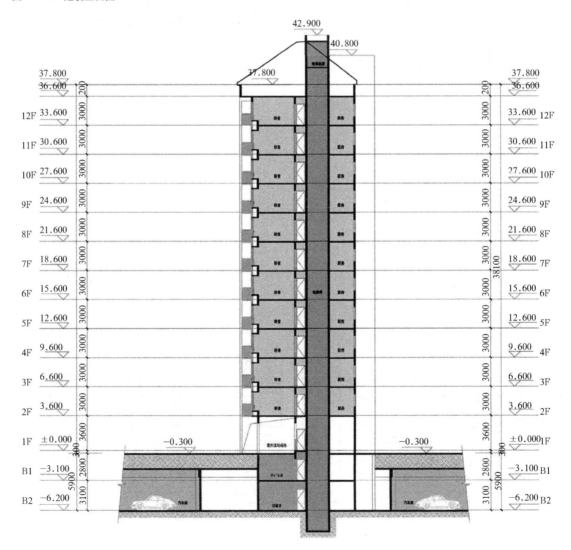

图 10-13　建筑剖面图

图10-14 规 划 鸟 瞰
效果图

点评：

本方案合理地解决了地块被分割的一大难题，统一规划设计，没有使得城市交通把两个地块分隔得毫无关系。住宅排布合理，学校等公共建筑合理地分布在用地内，方便住户以后使用。消防和日照都满足规范要求，此外强化了绿化和两个入口的对应和连续关系，形成了既独立又统一的一个规划方案。建筑风格典雅，庄重。

案例二：××市月湖湾规划建筑设计（图10-15～图10-25）

项目说明：

本案地块处于××市常平镇濑新村内，距离常平镇区的城镇距离为5km。用地南临常马公路，用地性质为商住用地；面积：67202.99m²。本案原拟依靠全独立别墅建设高调豪华社区，但是原有产品定位与市场和地理环境有一定偏差，单一的别墅和单一的目标客户群，使得小区在前期销售中遇到困难。所以重新进行产品分析与定位。加设联排、叠加别墅、花园洋房和小高层洋房形成完整的产品链。建筑考虑当地人的审美习惯，以沉稳、典雅的西班牙风格为主（××建筑院设计）。

技术经济指标：

总用地面积	67202.99m²
总建筑面积	81683.7m²
其中：	
地上建筑面积：	75633.7m²
管理房建筑面积：	523.44m²
会所建筑面积：	2893.8m²
住宅建筑面积：	70916.5m²
商铺建筑面积：	1300m²
地下面积：	6050.0m²
设备管理用房建筑面积：	400m²
地下停车面积：	5650.0m²
建筑基底总面积：	20117.0m²
其中：管理房基底面积：	261.7m²
会所基底面积：	1458.9m²
住宅建筑基底面积：	17096.4m²
商铺基底面积：	1300m²
建筑密度：	29.9%
容积率：	1.13
绿化率：	44%
总户数：	353
地下停车位：	188
地面停车位：	189
停车位：	377
停车率：	1.06

图 10-15 总平面图

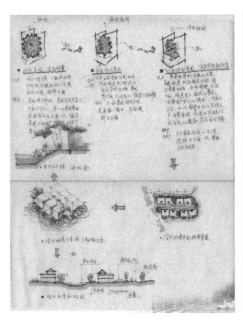

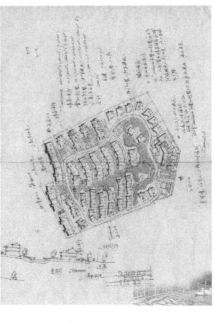

图 10-16 规划构思
草图（左）
图 10-17 总平面草
图（右）

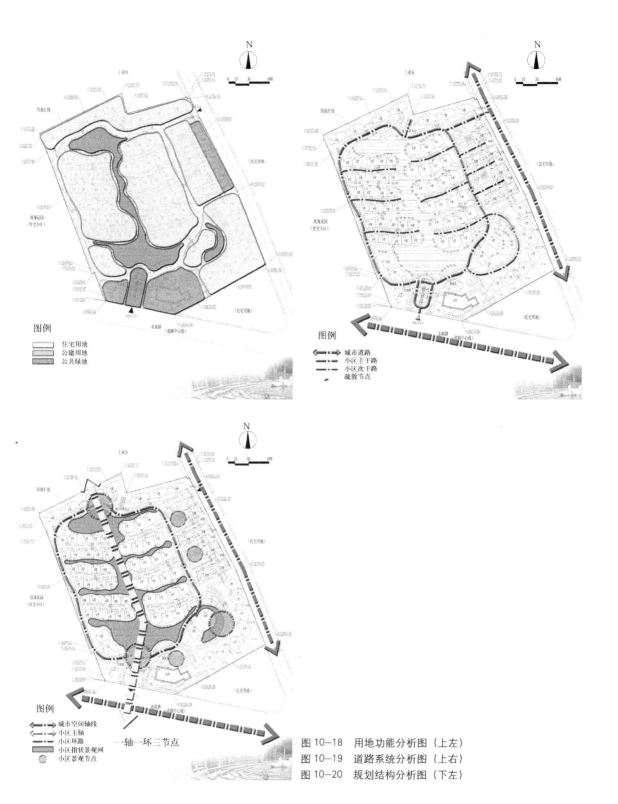

图例

住宅用地
公建用地
公共绿地

图例

城市道路
小区主干路
小区次干路
疏散节点

图例

城市空间轴线
小区主轴
小区环路
小区指状景观网
小区景观节点

一轴一环三节点

图 10—18 用地功能分析图 (上左)
图 10—19 道路系统分析图 (上右)
图 10—20 规划结构分析图 (下左)

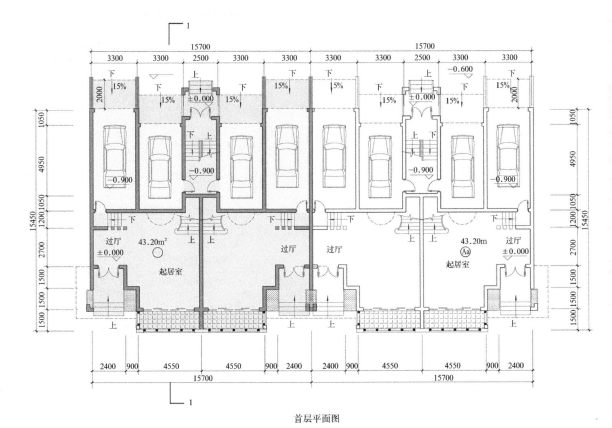

图 10-21 叠加别墅首层平面图

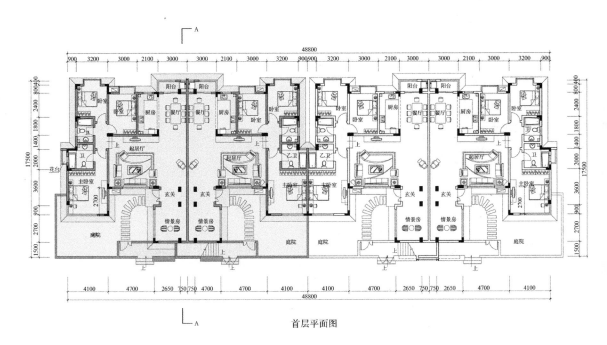

图 10-22 情景洋房首层平面图

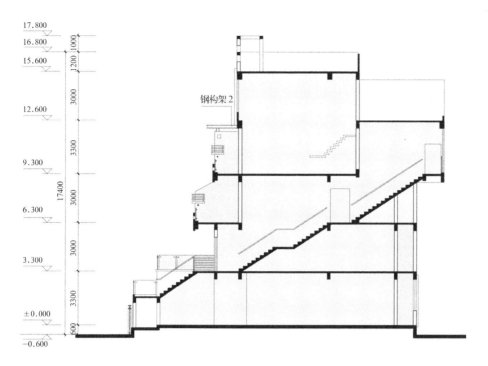

17.800
16.800 1000
15.600 1200
3000
12.600
钢构架2
3000
9.300
17400 3300
6.300
3000
3.300
3300
±0.000
600
−0.600

A—A 剖面图

图 10—23　情景洋房剖面图

图 10—24　规划鸟瞰效果图

图 10-25 小区透视
效果图

点评：

本案用地南邻常马公路，与会展中心隔路相望，主入口放置位置有利于整个小区的交通。用中央水系贯穿小区内部景观，很好地提升了整个住区的入住环境，也提高了小区别墅的市场定位。商业集中布置最大化的减轻了对小区内住户的生活影响。整个文本中的亮点是用手绘的方法把设计人员前期的构思过程表达地很清晰，更有利于别人理性地来判断规划的依据，但是图纸表达中的消防分析未表达清楚。

案例三：×市新城区 A3-3、A3-4 地块规划及建筑设计（图 10-26 ～图 10-42）

项目说明：

我国 × 市新城区 A3-3、A3-4 地块位于我国 × 市新城区西北部，靠近大龙湖景观带和古黄河景观带。地块东至秦郡路、西至普陀路、南至纬 7 路、北至太行路，项目总用地面积为 86916m²，其中 A3-3 地块用地为 78681m²，规划性质为居住用地，A3-4 为 8235m²，规划用地性质为商业用地。A3-3 地块住宅小区包括高层住宅和多层洋房两种产品。本规划以人为本，以商业、居住、环境、服务等为切入点，塑造"住宅与商业共融、居住与生活共生"的复合型居住环境（×× 建筑设计有限公司设计）。

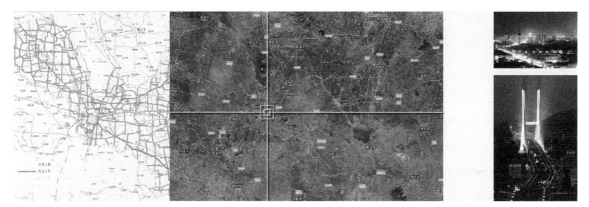

图 10-26　区位分析图

商业区域分布　　　城市绿地分布

城市水系分布　　　住宅区域分布

本项目位于×市新城区。

×市新城区总规划面积60平方公里,可容纳40万人生活居住,是×市的行政中心及区域性的商务、金融、文化中心。新城区环境优美,山水相依,起步区绿化率超过36.9%,人均拥有公共绿地40.4平方米。

新区规划有完整的商业轴网,大面积集中绿地,生态水系完整良好。

用地坐拥良好的城市大环境,紧邻新区商业中心、城市中心绿地,位于整体住宅区域一角。新区水系发达,环境优美,发展前景广阔。

图 10-27　地块周边资源分析图

A3-3
用地性质：二类居住用地
用地规模：78681m²
建筑面积：141625.8m²
容积率：1.8
控制高度：60m

A3-4
用地性质：服务设施用地
用地规模：8235m²
建筑面积：12352.5m²
容积率：1.5
控制高度：24m

规划地块编号	用地性质	用地规模（平方米）	容积率	地上建筑规模（平方米）	建筑控制高度（米）	建筑密度	绿地率（%）
A3-3	R2 二类居住用地	78681	1.8	141625.8		19%	38%
A3-4	服务设施用地	8235	1.5	12352.5	24	53%	20%
合计	—	87465	—	153978.3		—	—

图 10-28　规划条件分析图

用地居住价值西南高，东北低，可将高品质产品
布置在西南和中心地带，东北布置较低品质产品

噪音影响　　　产品价值　　　设备影响

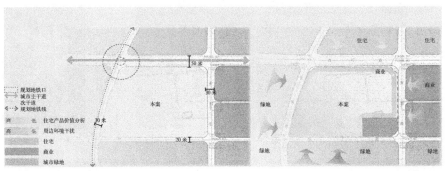

图 10-29　用 地 价 值
　　　　　分析图

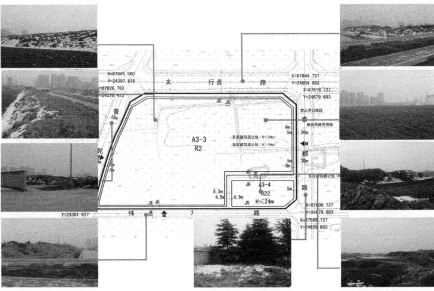

图 10-30　地块周边现
　　　　　状分析图

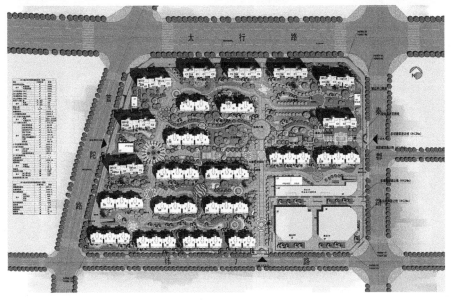

图 10-31　总平面图

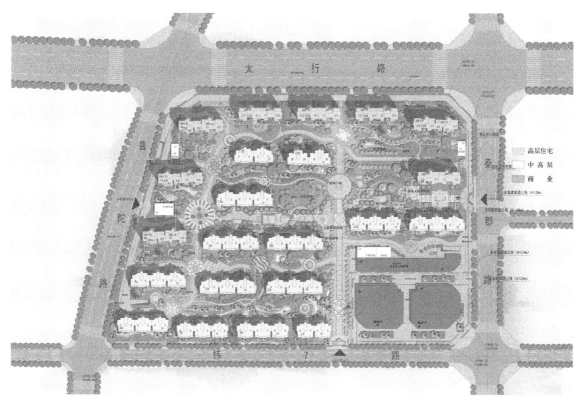

图 10-32 功能分析图

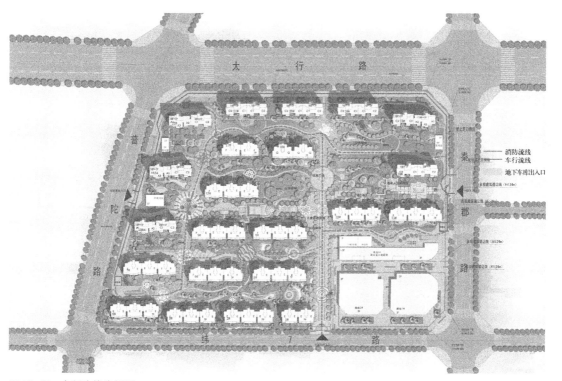

图 10-33 车行流线分析图

图 10-34　规划停车分析图

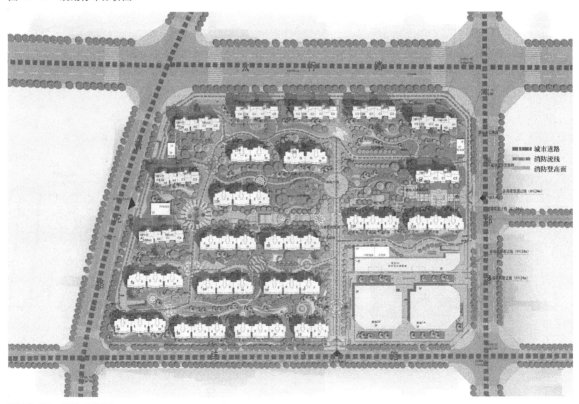

图 10-35　消防分析图

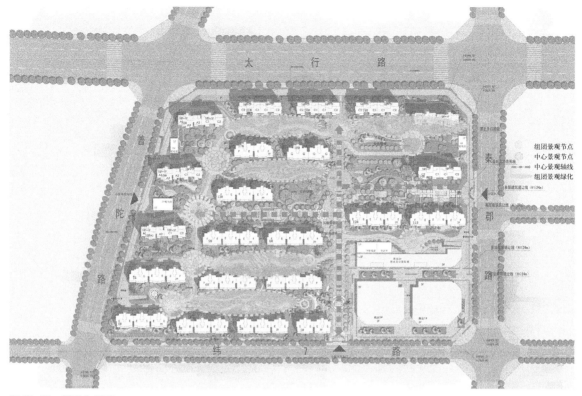

图 10-36 景观分析图

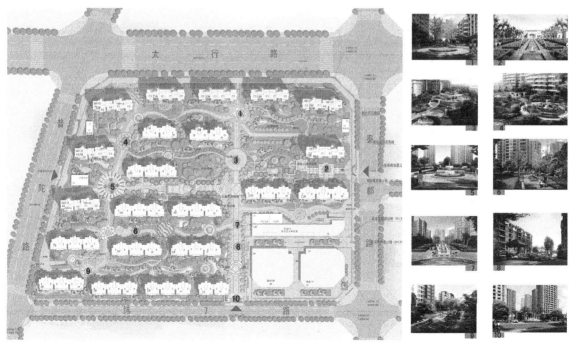

图 10-37 景观意向图

十八层平面 1：100

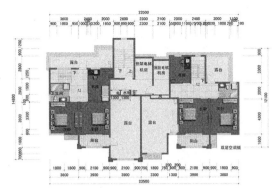

跃层平面 1：100

18	计容面积	销售面积	套内建筑面积	套内建筑面积系数
A1跃层	166.06	166.06	137.84	83.0%
A2跃层	171.97	171.97	142.75	83.0%
A3	66.07	66.07	54.84	83.0%

图 10-38　建筑平面图（a）（技术指标）

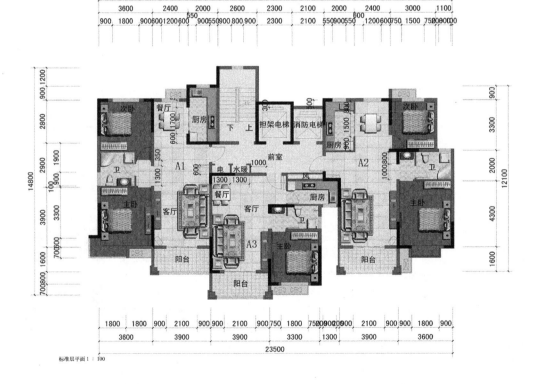

标准层平面 1：100

标准层	计容面积	销售面积	套内建筑面积	套内建筑面积系数
A1	96.60	96.60	80.18	83.0%
A2	95.92	95.92	79.62	83.0%
A3	66.07	66.07	54.84	83.0%

图 10-38　建筑平面图（b）（技术指标）

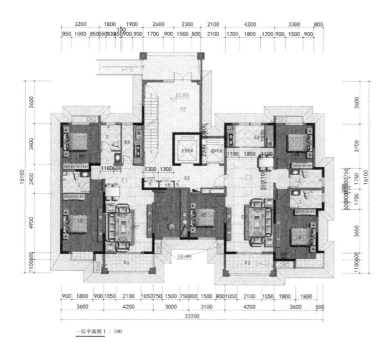

一层	计容面积	销售面积	套内建筑面积	套内建筑面积系数
C1	118.86	118.86	98.29	82.7%
C2	128.55	128.55	106.30	82.0%

图 10-38 建筑平面图 (c)（技术指标）

图 10-39 建筑立面图

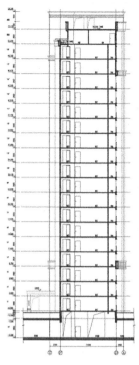

图 10-40　建筑剖面
　　　　　图（左）
图 10-41　透 视 效 果
　　　　　图（右）

图 10-42　规 划 鸟 瞰
　　　　　效果图

　　点评：

　　这个规划方案整体布局规规矩矩，也采用了商业集中式处理，由于是多、高层小区，为了追求容积率，所以住宅的排布是在满足日照间距的基础上，尽量多的放置在整个地块内。整个文本在分析上下了很大的功夫，无论是前期分析，还是规划中的各种功能分析，都清晰地表现出来。人们可以一目了然地知道原有的规划条件和现有的规划方案中的各种特点。日照分析图可能由于印刷问题出现部分错误。

本教学单元小结

本教学单元通过对三个案例详细的分析、介绍与点评，可以举一反三，为学生提供可供操作的范本，也是对整个居住区规划设计内容的总结。

课后思考

针对上述三个典型案例，从不同角度分析，撰写更为详尽的分析报告。

参考文献

[1] 吴志强，李德华．城市规划原理（第四版）[M]．北京：中国建筑工业出版社，2010．

[2] 全国城市规划执业制度管理委员会．全国注册城市规划考试教材城市规划原理[M]．北京：中国计划出版社，2011．

[3] 朱家瑾．居住区规划设计（第二版）[M]．北京：中国建筑工业出版社，2007．

[4] 胡纹．居住区规划原理与设计方法[M]．北京：中国建筑工业出版社，2009．

[5] 周俭．城市住宅区规划原理[M]．上海：同济大学出版社，1999．

[6] 居住区规划设计课题研究组．居住区规划设计[M]．北京：中国建筑工业出版社，1985．

[7] [美] 凯文·林奇．方益萍，何晓军译．城市意象[M]．北京：华夏出版社，2001．

[8] 赵玉婷，孙建方．房屋日照间距与提高住宅建筑密度的探究[M]．北京：中国建筑工业出版社，2012．

[9] 张群成．居住区景观设计[M]．北京：北京大学出版社，2012．

[10] 王江萍，姚时章．城市居住外环境设计[M]．重庆：重庆大学出版社，2000．

[11] 苏雪痕．植物景观规划设计[M]．北京：中国林业出版社，2012．

[12] 杨松龄．居住区园林绿地设计[M]．北京：中国林业出版社，2001．

[13] 郭春华．居住区绿地规划设计[M]．北京：化学工业出版社，2015．

[14] 汪辉，吕康芝．居住区景观规划设计[M]．南京：江苏科学技术出版社，2014．

[15] 住建部住宅产业化促进中心．居住区环境景观设计导则[M]．北京：中国建筑工业出版社，2009．

[16] 宋培抗．居住区规划图集[M]．北京：中国建筑工业出版社，1999．

[17] 陈有川，张军民．城市居住区规划设计规范图解[M]．北京：机械工业出版社，2009．

[18] 邓述平，王仲古．居住区规划设计资料集[M]．北京：中国建筑工业出版社，1996．

[19] 中华人民共和国住建部．城市用类分类与规划建设用地标准[S]．GB 50137—2011．北京：中国建筑工业出版社，2011．

[20] 中华人民共和国住建部．城市居住区规划设计规范[S]．GB 50180—93．北京：中国建筑工业出版社，2002．